前　言

　　2012 年，党的十八大报告提出"建设海洋强国"。发达的海洋经济和海洋科技则是海洋强国建设的重要支撑，更是高质量发展的重要内容。作为海洋经济大省和海洋科技强省，山东省海洋产业发展始终走在全国前列，近年来海洋三次产业结构也在不断优化，从 2006 年 8.3：48.6：43.1，调整到 2014 年 7.0：45.1：47.9，但与全国海洋产业结构水平（5.1：43.9：51.0）和目前世界发达国家的三次产业结构比例相比差距都较大，制约了山东省海岸带经济社会的可持续发展。在当前海洋强国和创新驱动战略实施的背景下，迫切需要依靠海洋科技创新促进山东省海洋产业结构优化升级，从而支撑并引领海洋产业实现可持续发展。

　　本书在海洋强国和创新驱动战略背景下，构建了相关理论基础，分析了产业结构优化升级的主要科技驱动要素，并借助多种定量方法，评价了山东省海洋产业结构水平及海洋科技要素对产业结构优化的作用，预测了"十三五"海洋产业结构变化趋势，提出了海洋产业结构优化升级方向。同时，本书从科学研究、技术研发、产业发展、政策环境等方面重新审视分析了山东省海洋科技创新资源优势。最后，基于前述研究提出了海洋产业结构优化升级的科技创新路径，即从科学、技术、产业化三个层面对山东省海洋产业发展方向和重点任务进行了布局，并提出了有关体制机制、人才、平台等保障措施建议。

　　本书主要从以下几个方面展开研究。一是科技促进产业结构优化升级的理论研究，分析了海洋产业结构优化升级的意义，对国内外关于科技创新、科技与经济关系、海洋产业结构等方面的研究进行了梳理，构建了与海洋产业结构相关的基本理论框架，界定了海洋产业结构优化升级的内涵。二是山东省海洋产业结构的基本现状评价与发展趋势预测，分析了山东省海洋产业结构的特点、主导产业情况，对山东省海洋产业结构的合理化、高度化和综合水平进行了评价，获得了山东省海洋产业结构的真实水平，并在此基础上，采用成分数据模型对山东省海洋产业结构的发展规律和趋势进行了预测建模和分析，指出产业结构优化方向。三是山东省海洋科技创新资源条件分析，尝试从新的视角认知科技与经济"两张皮"现象，重新审视山东省海洋科技创新资源优势，具体来说主要从海洋科学研究、海洋技术研发、海洋科技产业化、海洋科技创新政策环境四个方面分析了山东省的海洋科技优势所在，提出了山东省海洋科技的最大优势是科学优势，科学优势在推动科技服务业发展、促进生态环境改善过程中发挥了重要作用，同时也是促进海洋产业结构优化升级的重要驱动力量。此外，提出了科技服务业在改变海洋产业结构中具有不可替代的地位和作用。四是山东省海洋科技创新促进产业结构优化升级的作用评价，对山东省海洋科技创新现状进行了梳理，分析了山东省海洋科技成果转化情况，完成了山东省海洋科技创新对海洋经济发展作用的定量评价，并在建立科技创新要素与海洋产业结构模型的基础上，对科技创新在海洋产业结构优化中的作用进行了定量评价，从而掌握了山东省海洋科技创新与海洋产业结构变化关系，深入评价了科技要素对产业结构变化的贡献作用，为研究如何发挥科技作用促进产业结构优化升级奠定了基础。五是海洋产业结构优化升级的科技创新路径设计，根据前述研究，本书提出了发挥海洋科技优势、促进海洋产业结构优化升级的路径，确定了总体思路和依据原则，提出从科学、技术、产业化三个层面对海洋第一产业和第二产业中海洋渔业、海洋生物与医药产业、海洋油气矿产业、海洋装备制造业、海水利用业、海洋新能源、海洋工程防腐的发展方向和研究领域进行优化升级，将海洋第三产业中的科技服务业作为了重点发展内容，最后提出了投入、平台、政策、人才、知识产权、财税等六方面保障条件。

　　本书是在笔者博士学位论文的基础上修改而成。因此，要感谢论文所依托的省海洋产业结构课题组的杨鸣、杨俊杰、李彬、赵中华、李磊、赵喜喜、田敬云、姜勇、徐科凤、张守都等领导和同事，特别感谢李彬在数学模型设计和测算、赵喜喜和田敬云等人在资料编辑方面提供的大力帮助。此外，研究数据没有再次更新，今时看来虽有一定局限性，但体现了当时的研究结论和成果，敬请读者斧正。

王　健

2022 年 6 月

目　　录

1 绪　　论

1.1　海洋科技研究背景与意义

1.1.1　研究背景

　　海洋开发一直受到全球沿海发达国家的高度重视。伴随着 21 世纪新一轮海洋开发浪潮的兴起，我国海洋开发事业蓬勃发展，海洋经济从过去的单一资源型经济发展成为海洋资源经济、海洋产业经济和海洋区域经济三位一体的综合性经济（周庆海，2011）。21 世纪以来，全国海洋生产总值从 2001 年的 9 518.4 亿元，增长到 2015 年的 64 669 亿元，实现了 15 年连增的良好势头，三次产业比例也从 6.8：43.6：49.6 调整到了 5.1：42.5：52.4，二三产业得到了快速发展，产业结构得到了较大的优化[①]。

　　山东省作为海洋经济大省和海洋科技强省，海洋产业发展始终走在全国前列，对我国海洋经济贡献巨大，山东省以科技支撑产业发展，海洋生产总值 2001 年为 840.58 亿元，2015 年达到 1.2 万亿元，实现了重大突破。但是必须看到，虽然山东省海洋三次产业结构比例从 2006 年 8.3：48.6：43.1，调整到 2014 年 7.0：45.1：47.9，其产业结构比例却低于全国平均水平，与日本 1.21：26.21：72.58 和挪威 1.68：38.40：59.92 等水产大国的产业结构水平相差更远[②]。同时，山东省许多海洋产业难以摆脱以"大量生产—大量消耗—大量废弃"为特征的传统经济发展模式，导致海洋资源浪费、海洋生态环境被破坏、海洋与海岸带的自净能力难以支撑污染物等问题频现，制约了山东省海岸带经济社会的可持续发展。海洋科技对海洋开发和海洋经济发展具有巨大推动作用（韩立民，2008），而海洋的开放性、复杂性、多变性和高风险性决定了海洋开发必须依靠高新技术，通过海洋技术支撑并引领海洋产业实现可持续发展，已成为世界沿海国家和地区的共识。

　　山东省海洋科技资源优势明显，是我国海洋科技资源重点配置的省份，依托丰富的海洋科技资源，山东省初步构建起从科学研究、技术研发到成果转化

[①]　数据来源：《2001 年我国海洋经济发展综述》《2015 年中国海洋经济统计公报》。
[②]　数据来源：《中国海洋统计年鉴 2015》、世界银行 2014 年统计数据。

的海洋科技创新体系，催生出一批优秀的海洋科技成果，为山东省海洋产业发展提供了有力的科技支撑。尤其是自国家大力发展海洋经济、推进海洋强国建设战略实施以来，山东省抓住机遇，加快山东半岛蓝色经济区建设，努力提高海洋科技自主创新能力，不断支撑海洋产业优化升级，推动海洋战略性新兴产业发展，取得了显著成效。

山东省丰富的海洋科技资源和近年来取得的丰硕成果推动了海洋生物工程育种、微藻能源、海藻纤维、海洋活性物质提取、海洋仪器仪表与装备、海水淡化与综合利用、海洋特种船舶与海洋工程设计制造、深水设备设计与制造等一大批海洋高新技术浮出水面，促进了海洋高技术产业和海洋新兴产业的快速发展。海水养殖产业全国领先，引领了我国"鱼、虾、贝、藻、参"5次海水养殖产业浪潮，培育出 30 个海水养殖新品种，海水养殖年产量超过 600 万吨，海水养殖动物新品种、原（良）种场和设施渔业建设全国领先；海水养殖技术和产业规模多年处于国内领先地位。海洋生物制药快速发展，研制出农用海洋生物制剂、功能保健品、新型酶制剂等一批高技术含量的海洋生物制品，藻酸双酯钠、甘糖酯、海力特、降糖宁、海昆肾喜胶囊等海洋药物，以及壳聚糖止血粉、止血海绵等医药用品。中国海洋大学管华诗院士领衔的"海洋特征寡糖的制备技术与应用开发"项目荣获 2009 年度国家技术发明奖一等奖，实现了我国海洋领域同类奖项的突破。海洋石油勘探、开采技术装备快速发展，山东省已成为我国海洋石油装备重要研发中心和产业基地，海洋装备产业综合实力居全国前列，仅 2015 年，就完工交付钻井平台 5 座，其他海工项目 15 个，新承接钻井平台 1 座，海工辅助船 11 艘，其他海工项目 7 个①，一批高端海洋工程装备成功建造，部分自主研发装备进入国际市场，初步形成了以青岛船舶与海洋工程集群、烟台海洋装备制造集群、东营石油装备制造集群以及威海中小船舶制造集群为代表的产业集群式发展。

山东省海洋产业亟待转型升级。经过几十年发展，山东省海洋产业取得了长足发展，但海洋产业结构仍有待进一步优化，传统产业产品技术含量有待进一步提高，落后、耗能产业需要淘汰，新兴产业亟待培育壮大，海洋旅游业和海洋科技服务业等海洋第三产业有待做大做强。科技是第一生产力，依靠海洋科技创新推动山东省海洋产业结构优化升级成为当前的焦点，同时，山东省海洋科技资源丰富，处于全国前列，如何充分发挥好山东省海洋科技资源优势，依靠海洋科技创新促进产业结构优化升级，必然成为重大议题。但是，山东省

① 数据来源：山东船舶工业网，《2015 年 1—12 月份山东省船舶工业经济运行情况》。

海洋科技资源优势主要体现在海洋基础研究、公益研究等方面，而这种基础和公益研究优势在推动海洋产业发展方面的作用又有待进一步发挥。此外，我们一般认为科技必须直接推动海洋产业发展、推动产业结构转变，这种对于科技与产业发展关系的认知有待改变，科技的间接和潜在效益应得到有效衡量。当前应当改变传统观念，发挥山东省海洋科技资源在资源调查、生态环境改善、工业发展服务、科技服务业推动等方面的优势作用，从而为以海洋旅游业、科技服务业为代表的海洋第三产业发展奠定基础，为海洋传统产业升级、新兴产业培育提供科技支撑与服务，进而改变海洋产业结构，推动海洋产业结构优化升级。

创新驱动发展需求。经过 30 多年的高速发展，中国经济走到了从数量扩张的外延式增长转向主要依靠科技进步的内涵式发展的关键节点上，创新驱动发展面临着难得的历史机遇。习近平总书记指出，从全球范围看，科学技术越来越成为推动经济社会发展的主要力量，创新驱动是大势所趋。信息技术、生物技术、新能源技术、新材料技术等技术的交叉融合正在引发新的变革，一些重要科学问题和关键核心技术已经呈现出革命性突破的先兆，生产模式正在由大批量集中式向智能化、网络化、个性化发展，由生产型制造向服务型制造转变，全球经济结构和竞争格局将面临重塑。目前，世界主要国家都在寻找科技创新的突破口，跨国公司都在竭力抢占新兴产业和前沿技术的战略制高点。当前，实施创新驱动发展战略，是我国立足全局、面向未来的重大战略，是加快转变经济发展方式、破解经济发展深层次矛盾和问题、增强经济发展内生动力和活力的根本措施。我国经济发展中不平衡、不协调、不可持续的问题依然突出，人口、资源、环境压力逐渐增大，面临着发达国家高端技术封锁和新兴经济体追赶比拼的双重挑战，必须及早转入创新驱动发展的轨道。实现科技创新，依靠科技创新，是推动形成可持续发展新格局的必然选择，也是我国转变经济发展方式，实现从要素驱动、投资驱动向创新驱动转变的必然要求（梁飞，2004）。

山东省海洋科技创新正面临着历史性的挑战和困难，在海洋强国建设和创新驱动战略实施背景下，依靠海洋科技创新推动产业结构优化升级，具有重大意义。

1.1.2 研究意义

迄今为止，诸多学者对海洋科技创新和海洋产业结构的独立研究较多，科技创新和经济之间的关系也集中于科技贡献率等方面，对于科技创新与产业结构演变之间存在的关系研究相对较少，且大多聚焦于定性研究方面。一方面，本研究基于海洋科技创新，在评价海洋科技创新能力和海洋产业结构水平的基础上，从海洋科技创新作用的驱动要素出发，建立了科技创新要素与海洋产业结构变动趋势关系模型，能够定量说明海洋科技创新在海洋产业结构优化升级中的作用；另一方面，以新的视角、理念分析了海洋基础研究和海洋公益研究在产业结构优化升级中的重要作用。所以，本研究进一步丰富并深化了海洋产业结构研究理论体系。

此外，本研究通过分析评价山东省海洋产业结构现状与预测未来发展趋势，针对山东省海洋科技资源优势所在，对山东省海洋产业的发展方向、重点任务提出了布局对策，并围绕与产业结构有关的海洋科技管理体制机制、创新资源配置、成果转化、创新团队与平台建设、政策环境等多要素，提出了相应的保障和措施。为政府决策部门进行科技战略布局，推动山东省海洋产业结构优化升级，提供了很好的政策建议，也为各地方政府部门在区域科技工作中的政策制定、决策实施和实践操作提供了科学的理论依据和参考意见。

1.2　国内外研究现状

1.2.1　海洋科技创新研究

海洋科技创新是科技创新的一部分，由于海洋的重要性，海洋科技创新逐渐成为社会热题。孟庆武（2013）认为，海洋科技创新既是与海洋相关的技术创新，又是以海洋为"区域"的区域科技创新。倪国江（2012）认为，海洋科技是科技大系统的组成部分，对科技创新概念的理解也适用于海洋科技创新。结合科技创新概念，可以将海洋科技创新定义为：是指通过经济社会系统的一系列制度安排和组合，促使多个主体发挥高效协同作用，创造海洋新知识及新技术、新工艺和新技能，并通过应用创造显著的经济、社会及生态价值的实践活动。刘曙光、李莹（2008）提出，我国海洋科技创新是指通过国家、企业、科研机构的学习与研发，逐步推进产学研一体化建设，探索海洋科学技术的国际前沿领域，突破技术难关，研究开发具有自主知识产权的技术，逐步形成以企业为主体的海洋应用技术创新体系，提高海洋产业竞争力，加快海洋科技成果的转化和产业化，达到预期目标的活动。

各位学者的定义都认为海洋科技创新是一种有主体参加、有具体目标的实践活动。并且在此基础上加以延伸，提出了海洋科技创新能力的概念。

对于海洋科技创新能力的评价，研究相对较多。王泽宇和刘凤朝（2011）运用层次分析、综合指数法对我国海洋科技创新能力与海洋经济发展协调性进行了分析。殷晓莉等（2006）通过建立衡量科技创新能力的指标体系，采用网络层次分析方法分析和评价了我国各省份的科技创新能力。李华杨（2009）选取了2000—2007年《山东科技统计年鉴》和《山东统计年鉴》的数据，从科技创新投入能力、科技创新产出能力、科技创新经济绩效三个方面，对山东省科技创新能力与江苏、浙江、广东等发达省份的状况进行了比较分析。姜鑫等（2010）在科技部全国科技进步统计监测指标体系基础上，构建了科技创新能力评价指标体系，并应用因子分析方法，对各地区科技创新能力进行综合评价。从查阅的相关资料看，国内学者对海洋科技创新能力的研究相对零散，在分析方法上没有统一标准，研究分析的内容包括海洋科技创新平台体系建设、沿海科技竞争力或沿海区域经济布局等"点"的分析，不是全面的研究，没有针对海洋科技领域有关科技项目统计数据资料的研究评价，没有针对山东省尤其是近年来上升为国家战略的"山东半岛蓝色经济区"这一特定区域海洋科技创新能力的综合评价，没有针对影响海洋科技创新能力的各因素的特定分析。

1.2.2　海洋科技进步贡献率研究

科技对于经济社会作用的研究主要集中在科技进步研究上。自20世纪四五十年代丁伯根提出全要素生产率后，科技进步作为经济增长的重要因素之一引起了经济学家们的重视。中国学者对科技进步的研究起步比较晚。20世纪80年代开始，贾雨文（1997）创立了具有中国特色的、在主动性决策理论基础上的势分析方法。史清琪等（1984）首次开展了中国工业技术进步作用的分析，开启了中国科技进步贡献研究。路琼等（2000）分别用索洛方程、丹尼森增长因素分析法、乔根森的生产率分析、前沿生产函数等进行了研究并作了实证分析。刘濛（2004）以柯布-道格拉斯生产函数为基础，分别测算出河北省1985—2002年和1995—2002年的科技进步、资金和劳动力对经济增长的贡献率，并进行了实证分析。刘大海等（2008）在索洛增长速度方程法的基础上，通过8个主要海洋产业情况，构建了测算海洋科技进步贡献率的基本公式，对我国"十五"期间的海洋科技进步贡献率进行了测算，2015年又对2006—2012年的中国海洋科技进步贡献率进行了测算。2012年"山东省农业科技进步贡献率影响因子分析及对策"课题组分别使用固定弹性和变动弹性的方法测算了山东省1998—2009年的农业科技进步贡献率。这些研究为我们进行山东省海洋科技进步贡献率的测算提供了基础，从这些研究中可以看出，作为技术进步经典理论之一的索洛增长速度余值方程是使用较为普遍的方法，实践表明这种方法较为成熟，测算的结果较为可信。

1.2.3 海洋产业结构研究

（1）产业结构研究 国内外众多研究人员对海洋经济、产业结构及与经济发展的关系进行了研究。在海洋产业理论方面，以艾伦咨询公司、美国海洋经济计划国家咨询委员会等为代表的国外机构和以 Herrera 为代表的学者深入剖析了宏观层面产业结构演变规律及调整优化理论，形成了成熟的理论体系，但西方学者对地区或行业等中观层面的研究相对较少，主要是对海洋产业进行了分类，对具体各项产业的发展状况进行了研究。在产业结构方面，国外研究较为成熟，包括费歇尔确立的三次产业结构理论，克拉克（Colin Clark）、库兹涅茨、霍夫曼发展的产业结构演进规律，刘易斯、拉尼斯、费景汉的产业结构调整优化理论，以及钱纳里等学者提出的发展模型理论，美国学者罗斯托提出的主导产业理论，Storper（1989）提出的新产业区的理论。而以 Abdul Hamid Saharuddin、Jonathan Slide（2002）、Benito（2003）和 Jones（2008）等为代表的学者及有关部门，围绕海洋生态、海洋科技及其在海洋经济与海洋产业发展中的作用进行了探索，开始将生态、科技与海洋产业结构进行关联研究。

产业结构的经典理论仅仅是就一般市场经济状态或一般市场经济环境而言，研究了产业结构变化和经济增长以及轻重工业间的比例关系，还有劳动人口在各产业之间占比的变化规律，这些规律都是从产业结构变化的外部表现总结分析出来的，而后续的有关产业结构优化的产业结构优化一般被理解为产业结构高度化和合理化的结合。周振华（1992）认为，产业结构优化的两个基本点是产业结构的合理化和高度化，苏东水（2001）指出，产业结构优化是指推动产业结构合理化和高度化发展的过程，产业结构高度化指的是产业结构通过升级而达到一定高度。周振华（1992）认为，产业结构的高度化是指产业结构从较低水准向高水准的发展过程。刘伟和杨云龙（1987）指出，在整个产业结构中，由第一次产业占优势比重逐级向第二次第三次产业占优势比重演进；产业结构中由劳动密集型产业占优势比重逐级向资金密集型技术（知识）密集型产业占优势比重演进。

产业结构合理化状况多通过一些判断标准来考察，最为常用的是国际基准、需求基准、产业间比例平衡基准（周振华，1992；苏东水，2001）。事实上，这三个基准各有缺陷，而且不同国家或地区的产业结构由于国情不同或区域特点不同，存在较大的差异性（何平，2014；郭同欣 2010）。因此，很难说与国际标准接近，或产业间比例较为均衡就是合理的，否则就是不合理的。要判断产业结构是否发生了优化，存在两个基本的判别标准：其一是基于经济学产业转移理论的优化，即随着生产力的发展，产业结构应该从低端向高端转移，具体到制造业，也就是应该从以原材料制造业为主向装备制造业为主转化；其二是基于经济学效率理论的优化，即产业结构变化应遵循效率优先的原则，从其外在构成的改变是否带来相应的产出效率附加价值和市场竞争能力的改变等内在特征方面加以研究。

（2）海洋产业结构研究　我国学者近年来将西方产业结构理论运用在海洋产业领域，围绕海洋产业结构进行了大量理论和实证研究，以尤芳湖（2000）、刘洪滨（2003）、赵昕（2006）、韩立民（2006）、孙瑛（2008）等为代表的学者分别对海洋产业结构调整优化、区域海洋产业结构、环渤海地区海洋产业结构进行了相关研究。

在海洋产业结构演变规律方面，张静和韩立民（2006）认为由于开发难度较大，技术水平要求高，建立海洋工业体系的难度大于建立陆地工业体系，因此，海洋产业结构演进与陆地产业结构演进遵循着不同的结构演变规律。并且不同的区域海洋资源禀赋、海洋产业发展基础以及传统文化等方面存在区别，所以在海洋产业结构演进过程中会存在差异。同时指出，目前我国海洋产业结构存在同构化和低度化等问题，要通过高科技的发展推动海洋产业结构的演化和升级。

在海洋产业结构标准化方面，赵昕（2006）回顾了我国海洋产业结构的历史演进状况，对相关指标进行了修正，与钱纳里等人的产值结构模式进行分析对比，认为随着我国海洋经济发展和海洋统计口径的日益完善，我国海洋产业结构已经基本实现合理化。

对于海洋产业结构的调整方向，部分学者从三次海洋产业结构角度出发，根据海洋产业结构的演变规律和我国海洋经济发展现状，提出我国应在稳定提高海洋第一产业的基础上，积极调整海洋第二产业，大力发展海洋第三产业。

尤芳湖（2000）在分析世界、中国和山东省海洋产业结构基础上提出了依靠科技进步优化山东省海洋产业结构的设想。张红智和张静（2005）认为2005 年我国海洋产业结构中第一产业处于绝对主导地位，说明海洋产业结构仍处于初级阶段，并提出了我国海洋产业结构调整优化的目标、原则和相关的保障措施，并且从传统与新兴海洋产业结构角度，提出提高传统海洋产业的素质，加快新兴海洋产业的发展。周洪军（2005）分析了我国海洋产业发展状况和海洋产业结构存在的问题，根据产业经济学、区域经济学、海陆一体化及产业关联等理论提出了我国海洋产业结构优化对策。孙吉亭等（2012）从海洋科技产业的角度论述了海洋产业的科技创新体系与产业发展战略，为海洋科技与产业融合促进产业升级发展提出了方向。

在区域层面的海洋产业结构研究，目前我国主要以省级单位为研究对象。师银燕和朱坚真（2007）对广东省海洋产业结构的现状及存在问题进行了分析，提出了广东省海洋产业结构的优化目标、原则及其改革策略。孙瑛（2008）以山东省为例建立了多准则的层次分析模型，综合考虑了海洋资源禀赋、经济效益和可持续发展等多方面要素，并考察了山东省和其他沿海省份海洋产业结构差异，在此基础上分析海洋产业结构优化的调整方向，构建了动态规划的资源分配模型，为山东省和其他地区海洋产业结构调整优化提供科学的理论决策依据，并提出了相应的政策建议。

环渤海地区是海洋经济发展的重要区域，众多学者也纷纷聚焦于该区域海洋产业结构研究。刘洪滨（2003）对环渤海地区主要海洋产业的发展状况进行了分析，主要是海洋渔业、海洋交通运输业、海洋盐业、海洋油气业和滨海旅游业等产业，分析了环渤海地区海洋三次产业结构及其变化，指出2000年环渤海地区三次海洋产业结构是"一二三"格局，对资源环境依赖较大，不仅与发达国家的差距较大，而且与环渤海地区整体产业结构"二三一"相比也存在差距，由此提出了调整对策：大力发展海洋第三产业、积极调整第二产业、稳定发展第一产业。纪建悦（2007）分析了环渤海地区海洋渔业等主要海洋产业的发展，进行了三次海洋产业结构分析，主要是海洋三次产业结构静态分析和动态分析，指出了环渤海地区的海洋经济很大程度上还依赖于资源环境，最后提出了多项建议。王晶（2010）以环渤海地区为研究区域，以2001—2005年该地区的海洋水产、海洋油气、海洋盐业、海洋化工、海洋生物医药、海洋电力、海洋船舶业、海洋工程建筑、海洋交通运输、海洋旅游和其他海洋产业等11个产业部门产值为指标，通过结构多样化指数、偏离份额分析和区位熵指数对环渤海地区海洋产业结构的综合化、产业结构的结构效益、产业的比较优势等方面进行了分析评价。徐胜（2011）运用熵值法、多元线性回归分析等方法，根据环渤海三省一市的海洋经济相关数据，具体考察各省市海洋经济发展的产业结构水平及变动情况、经济效率以及科技进步对海洋经济发展的贡献作用等内容，并依据分析结果对环境资源的利用与可持续发展提出对策建议。

在海洋产业结构研究中，也有部分学者针对海洋科技与产业发展关系进行了研究，但较多专注于科技贡献率的研究，对于海洋科技创新与海洋产业结构优化升级关系未有深入和系统的研究。

1.3 研究思路和内容

1.3.1 研究思路

研究将通过对海洋科技创新要素、海洋产业结构优化升级的内涵和影响因素等进行理论分析，其中重点研究科技创新对海洋产业结构优化升级的影响，为未来的研究提供相关的理论依据和研究方法。围绕海洋科技创新促进海洋产业结构优化升级这一核心，第一，对山东省海洋产业结构的基本现状进行实证分析，总结评价山东省海洋产业结构存在的不足，根据长期以来山东省海洋产业结构的时间序列数据，分别使用差分自回归移动平均模型 ARIMA、BP 神经网络模型和灰色系统 GM（1，1）模型对"十三五"期间山东省海洋产业结构的发展进行预测；第二，对山东省海洋科技创新资源条件进行梳理，分析山东省海洋科技创新资源的优势所在；第三，对山东省海洋产业结构优化过程中海洋科技创新的作用进行定量和定性分析，明确海洋科技创新对海洋产业结构优化升级的影响；第四，根据各项研究结论，结合国内外科技创新推动产业结构优化升级的先进经验，形成推动山东省海洋产业发展的，较为系统完整的对策建议体系。

1.3.2 研究内容

本书主要包括以下 7 部分。

第一部分是绪论。主要介绍本书的研究背景、意义，国内外研究现状，研究思路和内容，研究方法、技术路线以及存在的创新点。

第二部分是科技促进产业结构优化升级的理论基础分析。首先，从科技创新的定义入手，介绍了科技创新的有关理论基础，分析了海洋科技创新的内涵特征以及影响要素；其次，基于海洋科技的特征，梳理了协同创新理论；最后，从海洋产业结构概念、优化升级内容、对科技的需求等方面构建了相关理论框架。

第三部分重点对山东省海洋产业结构的现状与发展开展评价和预测。从分析山东省海洋产业结构的特点、产业现状入手，对山东省海洋产业结构的合理化、高度化和综合水平进行评价，以获取山东省海洋产业结构的真实水平；在此基础上，采用成分数据模型对山东省海洋产业结构的发展规律和趋势进行预测建模和分析，为优化产业结构方向奠定基础。

第四部分是山东省海洋产业优化升级的科技创新资源条件分析。本书以新的视角认知科技与经济"两张皮"现象，充分挖掘了海洋基础研究资源优势的作用。本部分从海洋科学研究资源优势、海洋技术研发优势、海洋科技产业化优势、海洋科技创新政策环境优势四个方面深入分析评价山东省的海洋科技优势所在，并重新审视山东省海洋科技资源的科学优势，分析海洋科学在推动科技服务业发展、促进生态环境改善方面的重要作用。

第五部分是对山东省海洋科技创新促进产业结构优化的作用评价。首先，对山东省海洋科技创新现状进行梳理，分析山东省海洋技术创新与成果转化情况；其次，围绕山东省海洋科技创新对海洋经济发展的作用，开展定量评价；最后，在建立科技创新要素与海洋产业结构的模型基础上，对科技创新在海洋产业结构优化中的作用进行定量评价。通过定量评价，掌握山东省海洋科技创新对海洋经济发展和产业结构变化影响，得出科技要素对产业结构变化的贡献作用，为研究如何发挥科技作用促进产业结构优化升级做好铺垫。

第六部分针对海洋产业结构优化升级提出海洋科技创新路径。首先，确定海洋科技创新的总体思路和依据原则，从"科学、技术、产业化"三个层面对海洋第一产业、第二产业中的海洋渔业、海洋生物与医药产业、海洋油气矿产业、海洋装备制造业、海水利用业、海洋新能源、海洋工程防腐等领域的发展方向进行规划布局；其次，将海洋第三产业中的科技服务业作为重点发展内容；最后，在投入、平台、政策、人才、知识产权、财税等方面进行保障条件设计。

第七部分是结论与展望。总结了本书的主要研究结论和存在的不足，以及今后研究的方向。

1.4 研究方法和技术路线

（1）拟采取的研究方法　书中关于山东省海洋科技创新促进海洋产业结构优化升级的研究，涉及区域经济学、产业经济学、技术创新理论、系统论等多个学科，使用的研究方法主要包括定性研究和定量研究。

在定性研究方面，主要采用文献查阅、比较分析、归纳总结、系统研究等对山东省海洋产业结构基本情况进行研究，掌握了山东省海洋产业结构中产业构成、特点、主导产业发展等方面的情况和资料，以及山东省海洋科技创新的基本发展情况，并对科技创新在山东省海洋产业结构优化过程中的主导产业选择与形成、促进产业结构调整演进的作用进行分析。

在定量研究方面，主要对山东省海洋产业结构的合理化与高度化水平，使用单一指标的偏离份额分析、相似判别法和距离判别法进行评测，并借助构建综合评价指标体系，对山东省海洋科技创新能力和海洋产业结构合理化水平进行综合评价；在分别使用差分自回归移动平均模型 ARIMA、BP 神经网络模型和灰色系统 GM（1，1）模型的基础上，建立在均方预测误差指标下的加权平均组合预测模型（B－G 模型），对"十三五"期间的山东省海洋产业结构进行组合预测；建立海洋科技创新与海洋产业结构的 VAR 模型，对山东省海洋科技创新在海洋产业结构优化中的作用机制进行研究。

（2）技术路线 海洋科技创新研究技术路线如图 1－1 所示。

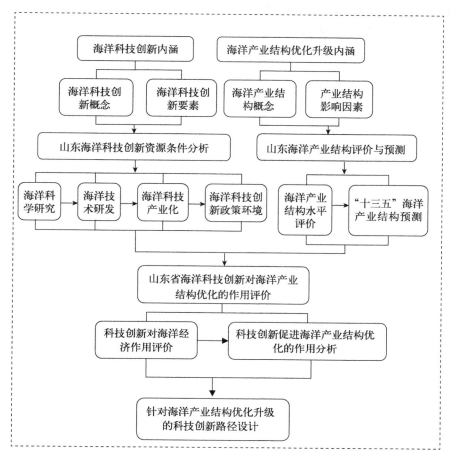

图 1－1 海洋科技创新研究技术路线

1.5 创新研究

（1）以差分自回归移动平均模型 ARIMA、BP 神经网络模型和灰色系统 GM（1，1）模型为基础，建立在均方预测误差指标下的加权平均组合预测模型（B-G模型），对"十三五"期间的山东省海洋产业结构进行预测，掌握了山东省海洋产业结构的演化趋势；构建 VAR 模型对山东省海洋科技创新与海洋产业结构优化之间的内在关系进行了定量分析，对山东省海洋科技创新对海洋结构优化的作用机制、贡献模式等有了较为明确的认识。

（2）重新审视并认知山东省海洋科技创新资源优势，认为"科学研究"是最大优势，其在促进海洋产业结构优化升级中具有重要作用；并围绕山东省海洋科技创新资源条件，首次从"科学、技术、产业化"三个层面对海洋第一产业、第二产业和第三产业提出了具体发展方向和重点。

2 科技创新与海洋产业结构优化升级理论基础

2.1 科技创新的基本理论

2.1.1 科技创新的定义

创新的研究源于经济学家熊彼特（J. A. Schumpeter），他从论述技术变革对经济非均衡增长以及社会发展非稳定性的影响出发，于 1912 年在其著作《经济发展理论》中首次提出"创新概念"，后又在《经济周期》这本专著中系统地阐述了他的创新理论，认为"创新（Innovation）"是指企业家对生产要素的新组合，即是建立一种新的生产函数，把一种从来没有过的生产要素和生产条件的新组合引入生产体系，转化为可获利的商品及其产业。在熊彼特之后，德鲁克（P. F. Drucker）（1985）在其《创新与企业家精神》中对"创新"做了另外一番解释。他把创新看作是企业家利用机遇的一种工具，把创新定义为一种可以通过实践获得的技能。

目前学术界对科技创新的定义还不统一，中国学者周寄中（2002）较早地对科技创新及其理论进行了研究，同时也是目前较具权威性的研究。根据他的看法，科技创新包括科学创新和技术创新两个部分，科学创新包括基础研究和应用研究的创新；技术创新包括应用技术研究、试验开发和技术成果商业化的创新。如果从线性过程看，科技创新就是从基础研究到应用研究、试验开发和研究开发成果的商业化的全过程。从狭义来说，科技创新包括科学发现、技术发明和技术创新（甘自恒，2010）。而广义的创新不仅包括科学的、技术的创新，还包括组织的、管理的、市场的创新，它是一个贯穿于从新思想的产生到新技术、新产品的研究开发再到商业化应用的完整过程（沈满洪，2012）。本书的科技创新主要取自其广义概念。

2.1.2 科技创新的主要理论基础

创新理论首先是由熊彼特提出并发展的，但之前亚当·斯密和马克思对创新思想都曾有过论述。

在 1776 年出版的《国富论》中，亚当·斯密从"分工"的角度论述了科学技术在生产中的作用，他认为劳动分工有助于生产技术与设备的发明和提升，从而提高生产力，促进国家的经济增长和国家富裕。他还指出任何国家和地区经济产出只能有两种方法来增加，即劳动生产力的提升和劳动者数量的提升。劳动生产力的提升取决于劳动者能力的提升和劳动工具改进，而这两个因素均与科技进步息息相关，亚当·斯密已经认识到科技创新是促进经济增长的重要因素之一。

可以看出，亚当·斯密提出科技创新促进了劳动工具的改善，同时也有利于提高劳动力素质，进而有助于经济增长。

马克思、恩格斯目睹了近代科学技术给资本主义社会所带来的翻天覆地的变化，系统考察了近代科学技术进入生产领域、推动生产力发展并引起生产关系变革的重要状况，形成了"科学技术是生产力"的重要思想，这也奠定了马克思主义科技理论的基础。鉴于先进的科学技术能够推动经济社会的快速发展，马克思还指明在科技改革的过程中一定要注意改革劳动中的技术和社会条件，使生产方式得到全面的改进，从而极大提高社会的劳动生产率。

古典学派经济学家已经对相关的理论进行了精辟的论述，他们是创新思想的领导者，但是在严格的意义上来讲，这些学者并没有在经济学理论上提出真正意义的创新原理。他们没有发现科学技术创新给社会经济增长所带来的巨大推动力。

美籍经济学家熊彼特首次提出真正经济学意义上的创新理论，他认为，资本主义经济社会发展主要来自内部力量，其中最重要的就是创新，创新引起了经济的增长和发展。20世纪初期，熊彼特首次在其著述里提到了纯粹经济学意义上的创新理论，并经过几十年的努力最终形成完善的创新理论体系。他认为，所谓创新，就是指把某种新的生产要素和符合其特性的生产条件相组合，并把形成的新组合具体导入生产系统。主要包括下列五种情况：①采用一种新的产品或一种产品的一种新特性。②运用新生产手段或方法，此种方法或手段不需要是科学技术领域内的新发明，只要是能够在生产环境中处理一种产品的新方法即可。③开辟一个新的市场，也就是有关国家的某一制造部门以前不曾进入的市场。④掠夺或控制原材料或半制成品的一种新供应来源。⑤实现任何一种工业的新的组织。

熊彼特把研究创新理论的视角放在了经济增长理论上，所以严格意义上来讲他所提出的创新实际上更具社会经济活动的色彩。他对创新理论的贡献主要表现在两个方面：一是，在经济学上开辟了对创新理论的研究。在很长的时期，技术和制度相关问题是不在经济学关注的范畴之内的。熊彼特不然，他认为经济发展的动力其实就是科技的创新，创新是推动经济发展的根本。二是，熊彼特看到了创新包括技术创新和制度创新。

到 20 世纪 50 年代，随着科学技术对经济和社会影响力的不断提升，科技和创新才逐步成为经济学家研究的热点问题之一，创新研究逐步形成两个主要研究方向，一是制度创新学派，以道格拉斯·诺斯等人为代表人物，他们实现了创新和制度研究相结合的方法，并把重点放在了制度和技术革新及经济效能之间的关联，突显制度因素对社会经济发展的主要功能。二是以索罗（R. Solow）和弗里曼（C. Freeman）等为代表的技术创新学派，该学派主要通过研究科学技术的变革、创新、扩散过程，进而对科技创新进行深入研究剖析（表 2 - 1）。

表 2 - 1　科技创新理论演化

年　份	代表人物	理　　论	主要观点
1912	熊彼特	技术创新理论	经济发展是一个以创新为核心的演进过程；技术创新始于研究开发而终于市场实现，体现的是科技经济的一体化
1987	弗里曼	国家创新系统理论	创新对经济增长的作用受到国家环境和历史条件的影响；国家创新系统是一种在公、私领域里的机构网络，其活动和行为启发、引进、修改和传播新科技
1996	库克	区域科技创新理论	区域创新系统主要是由在地理上相互分工与关联的生产企业、研究机构和高等教育机构等构成的区域性组织系统，而这种系统支持并产生创新

2.2　海洋科技创新的内涵

2.2.1　海洋科技创新的概念与特征

海洋科技是科技大系统的重要组成，对科技创新概念的解释也适用于海洋科技创新。因此，"海洋科技创新"就可以定义为：通过经济社会系统的一系列制度的安排和组合，促使多个主体发挥高效协同作用，创造海洋新知识及新技术、新工艺和新技能，并通过应用创造显著的经济、社会及生态价值的实践活动（倪国江，2012）。

当前，在世界沿海发达国家海洋科技政策的推动下，国际海洋科技领域呈现出突飞猛进的创新态势，海洋科技正在成为人类不断拓展海洋开发空间尺度、深刻改变经济社会格局的重要力量。具体而言，当前海洋科技创新表现出以下新特点：

（1）学科交叉融合程度较高，新的学科分支和衍生领域不断拓展 海洋开发过程不断复杂化，其生产规模也持续扩大，随之而来的是海洋科学与技术不断融合，海洋技术开发需要海洋科学研究的理论支撑，科学与技术紧密融合成为科技发展的必然趋势。同时，随着科学与技术融合，学科交叉就成为必然，新的学科陆续产生，由于装备技术的改进，一些领域也不断拓展。

（2）全球化海洋研究和协作不断深化 随着大洋、极地成为研究开发的热点，大尺度的研究迫使世界各国的海洋科研机构通过合作聚集各类科研资源，发挥各国科研优势。大尺度的海洋研究也需要各国贡献其研究成果，因此，一系列全球科研计划付诸实施，通过国际科研项目，开展深海大洋和极地研究，从而破解人类当前及今后可持续发展所面临的生态环境问题，为人类社会持续发展做好科技支撑。

（3）海洋高新技术成为海洋产业结构优化的主导力量 在海洋高新技术的推动下，海水养殖、海洋化工、海上交通等传统产业不断升级，海洋生物制品与医药、海水淡化、海洋新能源等新兴产业的发展速度和规模也不断提升。并且，在关键技术的突破引领下，天然气水合物、多金属结核与结壳、热液矿床，以及深海抗压、抗极温生物等极地资源、深海资源将得到开发应用，高新技术将推进海洋产业结构快速优化。

（4）海洋科技服务业逐渐成为海洋产业发展的关键一环 海洋生态环境、海洋文化研究越来越受到重视，与此有关的海洋科技教育服务支撑就尤为重要。尤其是在海洋生态环境治理、修复、改善活动中，海洋科技成为主导力量，大量的科研院所、高校、高新技术企业的科技人才成为该领域的主要从事人员，同时促进了海洋科技服务业的发展和完善。

（5）多层面、多模式的科技创新在海洋领域不断涌现 在国家海洋强国战略和创新驱动战略背景下，创新创业正成为社会热点，政府、海洋企业、涉海科研院所、涉海大学、社会团体、个人以及国际组织等多元主体将不断深入到海洋科技创新活动中，"国家实验室""协同创新""科学中心""技术创新中心""海洋＋""创客空间""创新工场"等创新模式不断涌现。随着海洋科技创新的拓展和深入，一些成熟的海洋创新模式必将为全社会的科技创新作出示范和引领。

2.2.2　海洋科技创新的要素分析

影响海洋科技创新的要素众多，划分方式也多样，有包括创新理论、创新制度、创新经营、创新技术、创新分配、创新管理、创新平台、创新人才、创新国际合作等，也有划分为投入、人才、平台、环境、政策等，其中第二种划分居多（刘波，2004）。本书选取五个影响海洋科技创新能力主要要素进行论述，包括：海洋科技投入、海洋创新型人才与团队、海洋科技创新平台、海洋科技合作、海洋科技创新环境等方面。

（1）海洋科技投入　海洋科技投入是指支持开展海洋科技活动的投入，也是生产性的投入。于明洁（2012）认为科技创新投入应包括人力资源、财力资源、物力资源；陈春晖等（2009）认为科技创新投入应包括科技经费筹集额、科学家和工程师数量；赵光远（2012）认为科技创新投入包括 R&D 经费投入、R&D 人员全时当量水平。总之，科技创新投入包括科技经费支出、科技经费支出占 GDP 比重、R&D 经费、地方财政拨款、地方财政拨款占地方财政支出比重、科研人员数量等。但普遍意义上的科技投入是指科技经费投入，本书所指的海洋科技投入都为海洋科技经费投入，主要包括政府科技经费投入、企业对科技的经费投入和金融贷款对科技的投入（李琳，2013）。

科技投入对生产力的提高起着重要的作用，1986 年 Griliches 根据大约 1 000 家美国最大制造企业数据分析表明科技投入的支出对生产力的提高有着重要的作用。1995 年 David 和 Helpman 在一个具有 22 个国家的样本中，研究了科技投入与全要素生产力的关系，研究结论表明本国和贸易伙伴的 R&D 支出几乎可以解释 50% 的 OECD 国家的生产力增长。Charles（1999）利用 10 个主要 OECD 国家数据，也得出 R&D 是全要素生产率增长重要来源的结论。

他们的研究结果都表明科技投入是经济增长的最主要因素之一。有关海洋科技投入的研究，乔俊果（2012）对全国 11 个沿海地区海洋经济科技投入对海洋经济增长的贡献，利用面板数据模型分析结果显示，海洋科技投入每增长 1%，可促进海洋经济增长 0.17%，是劳动力投入要素贡献率的 2 倍。

但不同的历史发展阶段，不同的科技投入方式和结构对经济增长的作用效果是完全不同的（朱学新，2007）。当前已有很多学者对科技投入和自主创新关系用不同方法进行了分析。如陈春晖（2009）认为我国科技资金投入是自主创新产出的重要决定性因素，科技资源投入和自主创新间存在长期均衡关系。刘和东（2007）对我国 1991 年到 2004 年的财政科技投入和创新能力相关数据进行研究，认为我国财政科技投入和创新能力之间有较强的相关性且因果关系较明显，两者之间是长期的均衡关系。攀华（2011）采用处理限值因变量的 Tobit 模型以政府海洋科技资金投入占海洋科技经费筹集额的比重，测算了政府影响力对海洋科技创新效率的影响结果表明政府影响力（GYL）均为正向的，且对综合技术效率和纯技术效率回归系数通过了显著性检验。众多研究成果表明，科技投入对海洋科技创新存在积极的正相关关系。

（2）海洋人才　根据人才的定义并结合海洋的特征，本书认为，海洋人才是指具有大专以上学历和中级以上职称，具备海洋方面专业知识和专业技能，并能为海洋事业做出创造性劳动和积极贡献的人。结合人才的分类和从事海洋事业的人才特性，海洋人才主要分为以下几大类：海洋管理（领导）人才、海洋科学研究人才、海洋专业技术人才、海洋高技能人才、海洋军事人才、海洋教育人才等。

在知识经济时代，科技与经济一体化的程度不断加深，这使得科技创新对于社会经济发展的重要性超出历史上的任何时期，而科技人才则是科技创新的主体和根本推动力量，因此人才是一切事业发展的保证。

海洋人才对于海洋科技创新的驱动作用主要表现在以下几个方面：首先，海洋人才是海洋科学知识的主要载体，海洋科技创新活动的开展必须具有一定的知识储备作为基础，而海洋人才具有相应的专业知识和技能，是实现海洋科技创新的重要保证；其次，海洋人才是进行科技创新的主体，海洋科技创新中的各项工作最终都是依靠人来完成，这其中的海洋科技创新方向的明确、海洋科技创新的各项成果的创造、海洋科技创新成果在实践中的应用、海洋科技创新发展战略的制定、海洋科技创新保障措施的实施等等众多提升海洋科技创新能力的关键工作，都需要由海洋人才来完成，因此，海洋人才是海洋科技工作的主体，是驱动海洋科技创新发展的核心；再者，海洋人才是海洋科技传播的重要载体，广泛的知识传播是提升发展区域科技创新能力的重要方面，海洋人才所具有的重要的海洋科学知识、技能等，可以通过交流、合作、学习等多种方式进行传播，实现对科技创新成果的扩散，同时随着科技的不断发展，科技创新的难度越来越高，需要通过不断的学习与合作，形成对于创新无数的、重复的反馈来实现，这也需要人与人之间的沟通来完成，因此海洋人才是驱动海洋科技创新的关键。

（3）海洋科技创新平台　科技创新平台是科技创新体系的重要组成部分（方红卫，2006）。在促进科技创新能力提升的过程中，科技创新平台并不是直接的驱动要素，但却是集聚各创新要素的重要载体，是不可或缺的间接驱动要素。

平台首先是一个工程概念，最早是随着汽车大批量流水线作业出现的，也就是说是制造业的流水线平台。Meyer 和 Utterback（1993）首次明确提出了产品平台的概念，Roberson 和 Urich（1998）认为产品平台是一个产品系列共享的资产集合。在创新成为经济发展的动力源泉的今天，社会各界尤其是学术界，越来越关注创新平台的建设与研究，包括创新平台的概念、意义、层次、机制、功能特点及其构建（江军民，2011）。由此看来，关于创新平台的研究重心主要放在区域或产业层面上，很少涉及科技创新平台。黄宁生（2009）认为科技创新平台是优化和集成科技资源开展科技创新活动、推广科技成果的重要载体，同时又是自主科技创新能力建设的主要载体。朱星华（2008）认为科技平台建设包括公共科技基础条件平台、行业专业创新平台和区域创新平台3类重大创新平台。江军民（2011）认为科技创新平台是集成创新要素、聚集创新资源的支撑体系。它包括物质与信息系统以及以共享机制为核心的制度体系，和服务于平台建设与运行的专业化人才队伍。该平台能够为某一产业以及相关的产业群或区域化的技术创新活动提供有效、高质、公平的服务。科技创新平台面向自主创新，不仅注重产业共性的或单项技术的研究开发，而且注重以重大产品和新兴产业为中心的集成创新并努力实现关键技术的突破。

从上述定义看，当前的科技创新平台种类较多，分类方法不一，分类角度不同。本研究更倾向于认为，科技创新平台是指为了实现科学技术研究、科技成果转化和产业化等科技创新活动而提供的各种软、硬件环境（王健，2010）。

根据《国家科技基础条件平台建设纲要（2004—2010）》，各地区对科技创新平台的分类均包括科技基础条件平台，同时根据自身情况，又有所区别：浙江根据自身情况分为科技基础条件平台、行业创新平台、区域创新服务平台（王贵良，2009）；广东省将平台建设分为科技基础条件平台和科技创新平台两大类，按照组建形式不同分为省市两级政府与中国科学院联合共建，省科技厅、市政府与中国科学院相关研究所联合共建，省科技厅市区政府支持、由相关科研机构、大学等联合共建，各地市政府与中国科学院联合共建，省科技厅支持、相关科研机构或大学联合共建等（李啸，2007）。

科技创新平台的多种分类方式和多种不同形式，也让我们在对比分析上存在一定的难度。本研究根据海洋科技多领域交叉的特点，重点分析海洋科研机构建设和国家级重大海洋创新枢纽、海洋科技资源与条件共享平台、海洋产业技术创新平台、海洋特色成果转化平台建设情况。

科技创新平台与科技创新紧密相连。科技创新平台是为了实现科学技术研究、科技成果转化和产业化等科技创新活动而提供的各种软、硬件环境，它整合集聚科技资源、合作开放共享、支撑和服务于科学研究和技术开发活动。科技创新平台是国家创新体系的重要组成部分，是全社会开展科学研究与技术开发活动的物质基础和重要保障。科技创新平台本质上是推动科技创新的载体，对科技创新具有重要作用和意义。科技创新平台能够集聚科技资源，不断提高自主创新能力；转化科技成果，支撑引领经济和社会发展；汇聚创新人才，形成可持续发展的科技创新队伍；推动科技体制改革，提供科技创新的制度保障。

（4）海洋科技合作　随着科技创新复杂程度的不断提升和全球一体化进程的不断深入，合作在科技创新领域中的作用愈发的突出。国际科技合作本身是一个很宽泛的概念。顾名思义，它是指在国际之间进行的科学技术方面的合作与交流。傅建球（2005）认为国际科技合作是以世界环境为大舞台，并强调其是以支撑科技创新和促进国家发展为目的的社会行为，具有演变性、时代性特征。默顿（2004）则把国际科技合作看做是一个系统工程，认为其协四方之力于一处，旨在世界范围寻求以最有优势的生产要素和最先进的科技成果与本国的优势重新组合与配置，以取得最佳的经济效益。默顿是从经济上的优化资源配置的角度定义国际科技合作。刘云等（2000）认为参与国际科技合作的主体既可以是不同的个人、企业、国家或地区的政府、研究机构和大学，也可以是国际性组织以及科学家。李志军（1999）则从技术转让的角度，认为国际科技合作及其交流已成为当今世界发展科学技术的重要途径。通常国际科技合作主要包括以下内容：合作研究、合作调查、合作开发、合作设计、合办非营利性机构、科技考察、人才交流、信息交流、食物交换、技术贸易、科技展览、人才培训和学术会议。

在国际科技合作的模式上，随着社会经济的发展和科技的进步，国际科技合作已经形成了多种多样的模式，从不同角度有不同的分类。从合作渠道来看，可以分为"中外"型，"中中外"型，"中外外"型；从合作目的来看，可以分为R&D型，二次开发型、技术辐射型、产品产业化型等；从合作内容来看，可以分为互访交流型、引进核心技术或产品型、引进设备型、引进核心部件型、引进材料型等；从合作组织来看，可以分为民间合作型、政府间合作型、混合型等。

在海洋科技创新领域，学习发达国家的先进海洋科学技术、借鉴国外海洋经济发展经验，对提升海洋科技创新能力都有着重要的促进作用。海洋领域国际科技合作有利于海洋高新产业领域掌握产业发展的核心关键技术，实现自主创新，更好地发挥科技的支撑驱动作用。

（5）海洋科技创新环境　创新环境是指将资源环境、制度环境、市场环境、文化环境完好融合的复杂网络，通常具有决定性的特定外在形象和特定内部表征，通过不断改进和融合过程提升科技创新能力。海洋科技创新环境政策是海洋科技创新引导和培育平台，把海洋产业作为一个行业，与之紧密相关的策略和规划将会连同投入、技术创新一起共同推动海洋经济增长，是海洋经济增长的内生变量；同时，海洋经济的增长它又对技术创新提供基础保证、激励，为海洋科技进步做出贡献。

科技创新的主体是企业、学校、研究机构、金融机构、政府等部门，这些部门和机构通过相互之间的交流和联系完成共同价值最大化的目标，而科技创新环境就是指那些旨在高效的创造、引入、改进和扩散新的知识和技术，为创新主体之间的联系和沟通搭建网络平台，并将创新作为变革和发展关键动力的相对稳定的开放网络系统。

科技创新环境是科技创新体系的重要组成部分，当科技创新环境处于良好状态时，它对科技创新体系起促进作用反之，则起限制和阻碍作用。同时，科技创新环境又受科技创新体系的影响。良好的科技创新孕育环境，无疑将为更好发挥创新作用提供有力的保障。政府支持科技创新可以采取政策、资金投入等等，但起决定作用的还是政策。政策是继突出强化企业技术创新主体、加强协同创新、改革科技管理、完善人才发展机制之后，营造良好环境是未来孵化海洋高技术产业的重点任务，具体来说包括科技金融财政政策、科研成果转化转移政策、创业人员和科技工作者激励政策、产学研合作政策等。

2.2.3 协同创新理论

近年来，协同创新模式开始在科技创新中出现，产学研结合逐渐升级为各类协同创新载体。一般认为协同创新（Collaborative Innovation Network，COIN）的定义最早由美国麻省理工学院斯隆中心的研究员彼得·葛洛（Peter Gloor）给出，即"由自我激励的人员所组成的网络小组形成集体愿景，借助网络交流思路、信息及工作状况，合作实现共同的目标"。从这个定义看，"协同创新"多指团队（或组织、企业等）内部不同人员、小组、机构或部门之间形成信息、思想、理念等的共享机制，通过有效沟通，团结协作，实现共同的目标。这种协同创新现在被认为是"内部协同创新"（陈劲，2012）。

相对于"内部协同创新"，还有"外部协同创新"的提法。外部协同创新是指"创新资源和要素有效汇聚，通过突破创新主体间的壁垒，充分释放彼此间'人才、资本、信息、技术'等创新要素活力而实现深度合作"。可见，外部协同创新的实现主要通过相关活动主体之间的相互作用、相互配合，尤其是"企业、大学、科研院所（研究机构）三个基本主体投入各自的优势资源和能力，在政府、科技服务中介机构、金融机构等相关主体的协同支持下，共同进行技术开发的协同创新活动。"本书以下所提到的"协同创新"就是指"外部协同创新"。

从协同创新的定义可以看出，与原始创新、集成创新、引进消化吸收再创新不同，协同创新更偏重于从机制、体制上保证创新主体顺利从事创新活动，属于管理体制改革的范畴。

在知识经济时代，创新缩短了产品技术革新的周期，成为推动产业发展的主要动力之一；同时，产业的发展，尤其是新兴高科技产业的不断涌现，又反过来对创新模式提出了新的要求。在这种形式下，涌现出以美国硅谷产学研"联合创新网络"、北卡罗来纳州三角科技园等为代表的产学研协同创新机制，并对产业发展起到了巨大的推进作用。协同创新已成为国际上产业发展、企业壮大的主流。

各国政府极为关注产学研相结合的协同创新机制对经济社会发展的推动作用，纷纷出台各种政策扶持协同创新机制的建立，以期本国在产业发展、国际竞争中占据有利地位。改革开放以来，我国科技事业取得了巨大成就，在原始创新、集成创新和引进消化吸收再创新等方面取得了长足进步。但是，与发达国家相比，我国科技管理机制体制还存在不少弊端，企业尚未成为创新的主体，科技力量分散重复，资源配置不合理，限制了这三类创新水平的全面提升。协同创新机制的推进，是科技管理体制改革的重要方面，有利于激发全社会的创造活力，引导企业成为创新的主体，有利于借助市场的力量集中优势科技力量，合理配置科技资源，实现我国科技实力、经济实力、综合国力的重大跨越。

2.3　海洋产业结构优化升级的理论基础

2.3.1　海洋产业结构的相关概念界定

（1）海洋产业的概念及内涵　世界上各国海洋产业的概念基本类似，是指依托海洋资源所进行的经济活动，主要包括科研、生产、加工、流通、服务、管理等活动。根据与海洋资源的相关性以及生产活动的性质可以归纳为以下几类：①初级生产和服务，即直接开采使用海洋资源或进行初加工，提供最初的海洋产品和服务；②对海洋资源进行深度加工的生产和服务，提供具有一定科技含量的产品和服务；③在进行海洋资源的开发过程中所使用的相关产品的开发和服务活动；④在海洋空间范围内所进行的与海洋相关的其他生产和服务；⑤海洋开发过程中所进行的相关的科研、教育以及管理等辅助性活动。

虽然海洋产业的概念已然清晰，但世界各国关于海洋产业的内涵却不尽相同，美国《国民经济统计标准产业代码》将海洋产业划分为七大类，即海洋工程建筑、海洋生物资源、海洋矿产、海洋娱乐与旅游、海上运输业、船舶制造与修理业及其他海洋产业活动等。英国《产业活动标准产业代码》包含的海洋关联产业类型分为9类，即海洋渔业、海洋矿产、海洋制造、海洋工程建筑、海洋运输与通讯、商业服务与保险、海洋管理、海洋教育与科学研究及其他服务业。澳大利亚发布的《海洋产业发展战略》中也将海洋产业归纳为四大类，即海洋资源开发产业、海洋系统设计与建造、海洋运营与航行和海洋仪器与服务。

中国的《国民经济行业分类与代码》将海洋产业划分为15大类和107个小类，基本将所有涉海产业类型都包括在内，但在实际统计工作中，由于各种原因，海洋产业统计范围变化较大。20世纪90年代，《中国海洋统计年鉴》中统计的海洋产业只包括海洋水产、海洋交通运输、滨海旅游（国际）、海盐业及盐化工、海洋石油、沿海造船六大海洋产业类群。到2000年，随着国家《海洋经济统计分类与代码》的发布，海洋产业统计中才增加了对国内滨海旅游和一些新兴海洋产业的统计，如海洋生物制药和保健品、海洋电力和海水利用、海洋工程建筑、海洋信息服务等，使我国的海洋产业类型趋于完善。

（2）海洋产业结构的概念及划分　海洋产业结构是指在海洋产业分类的基础上，各海洋产业部门之间的比例构成以及它们之间相互依存、相互制约的关系。海洋产业结构是否合理，对一个国家的海洋经济发展至关重要。

在美国，按照美国国家经济分析局（BEA）的一项研究，海洋产业可依据与海洋的供给或需求关系划分为4大类，即海洋资源依赖型（如海洋渔业、海洋油气开发等）、海洋空间依赖型（如海洋交通运输业）、海洋供给型（如仓储物流、海上供给等）和空间便利型（如水产品贸易、滨海旅游接待、商业服务等）。美国蓝色经济中心的国家海洋经济项目（NOEP）则将海洋产业划分为海洋生物类（包括海洋渔业、水产品加工等）、海洋矿产类（包括滨海矿砂、海洋油气勘探与开采等）、海洋船舶类（包括海洋船舶修造等）、海洋旅游类（包括滨海旅游、水上运动等）和海上交通运输类（包括海洋交通运输、仓储、海上搜救设备等）五大类。

我国对于海洋产业结构的划分存在多种不同的分类方法。依据技术发展程度、三产以及地域，划分方法主要有传统与新兴海洋产业结构、三次海洋产业结构以及地区海洋产业结构。

三次海洋产业结构。按照国家标准《国民经济行业分类》(GB/T 4754—2011)、海洋行业标准《海洋经济统计分类与代码》(HY/T 052—1999) 的规定，参照《海洋及相关产业分类》(GB/T 20794—2006) 标准，海洋三次产业结构划分如下：海洋第一产业包括海洋渔业；海洋第二产业包括海洋油气业、海滨砂矿业、海洋盐业、海洋化工业、海洋生物医药业、海洋电力和海水利用业、海洋船舶工业、海洋工程建筑业等；海洋第三产业包括海洋交通运输业、滨海旅游业、海洋科学研究、教育、社会服务业等。

传统与新兴海洋产业结构。包括传统海洋产业、新兴海洋产业和未来海洋产业。其中传统海洋产业主要有海洋捕捞业、海洋运输业、海水制盐业和船舶修造业；新兴海洋产业是相对传统海洋产业而言的，是由于科学技术进步发现了新的海洋资源或者拓展了海洋资源利用范围而成长的产业。21 世纪才可能开发的、依赖高新技术的产业，都可作为未来海洋产业。

地区海洋产业结构。以地域或行政区域的概念为划分的依据，我国的地区海洋产业结构可以分为天津、河北、辽宁、上海、江苏、浙江、福建、山东、广东、广西和海南 11 沿海省市区的海洋产业结构。

在目前国内有关海洋产业结构的研究中，基本上都是以三次海洋产业结构作为研究对象进行相关研究，《中国海洋统计年鉴》《中国海洋年鉴》等统计资料也均以三次海洋产业结构方法对我国的海洋产业结构进行统计，相关的数据资料较为完备。因此，本项目在开展山东省海洋产业结构的研究过程中，均是以三次海洋产业结构的划分方法进行相关的研究。

2.3.2　海洋产业结构优化升级内涵

海洋产业也是产业门类的重要组成，因此产业结构优化升级的一般理论也适用于海洋产业。

(1) 海洋产业结构的优化升级　目前学术界普遍认为产业结构水平的优化意味着产业结构合理化和高度化水平的提高，产业结构的高度化过程和产业结构的合理化过程是产业结构优化的主要内容。因此产业结构高度化和产业结构合理化是产业结构优化升级的两个基本点。

产业结构合理化的内涵主要包含了以下几个方面的内容：首先是三次产业之间以及各产业的内部其相互的比例要互相适应，其次是国民经济中各个产业的增长速度彼此间要相互协调，最后是国民经济中各产业部门间的相互联系、比例变动和发展流向应符合经济的一般规律。

产业结构高度化是指产业结构由相对较低的水平向较高水平发展的过程，

也被称为产业结构升级。产业结构高度化包括三个层面的含义：一是在整个产业结构中，由第一产业占主要比重逐渐向第二产业和第三产业占主要比重演进；二是产业结构中由劳动密集型产业占主要比重逐步向资金密集型和技术密集型产业占主要比重发展；三是由制造初级产品产业为主向制造中间产品、最终产品的产业为主逐步演进。

在优化产业结构的过程中，产业结构的合理化与高度化是紧密联系、有机结合的，一方面，产业结构的合理化保证了产业以及产业内部的比例相互适应，符合经济增长和发展的需要，从而进一步推动经济增长和发展，促进产业结构的高度化，因此合理化是高度化的基础，没有合理化，产业结构的高度化就失去了其基本的条件，不但达不到升级的目的，反而可能发生结构的逆转；另一方面，产业结构的高度化则在经济的发展过程中，通过遵循产业结构演化的规律，实现产业结构向更高水平演进，形成更高效率的资源配置，更加协调的产业间相互关系，带动产业结构合理化的实现，因此高度化是产业结构合理化进一步发展的目的，合理化的本身就是为了使产业结构向更高层次进行转化，失去了这一目的，合理化就没有其存在的意义了。产业结构的高度化，关键在于产业结构调整能力，其核心是经济的创新，以创新推进产业结构向高度化发展；产业结构的合理化，关键在于产业结构的整合能力，其核心在于协调，通过协调促使产业结构关系的合理（俞树彪，2009）。

所以，海洋产业结构优化升级，是指在海洋资源开发、利用和保护过程中，通过各类要素的聚集，来促进海洋产业向更高科技含量、更低能耗、更生态化转变，推动海洋产业结构向更合理化、高度化发展，实现海洋产业高效高质的可持续发展。

（2）海洋产业结构优化升级影响因素　海洋产业结构优化升级的过程实质上是通过促进产业结构演进的内部和外部因素来推动产业结构向更高级、更合理化和更高效化的方向发展。海洋产业结构的优化升级受到各种因素的综合作用，主要包括以下几方面。

科学技术的进步。科技进步对海洋产业结构的演进是一个持久并日益增强的重要影响因素。技术的发展促使海洋新兴产业的形成，同时又加速了传统海洋产业的衰退过程，随着新老产业交替的完成，推动了产业结构不断向高级化演进。西方发达国家海洋产业结构的成长与发展大都经历了以劳动密集型产业为中心阶段，经过以资本密集型产业为中心阶段，最后以技术密集型产业为中心阶段的高级化演进历程。在这一过程中，技术进步是主要促进因素。另外，从技术结构的角度来讲，如果海洋产业中一些部门的技术发生变动而另一些部门的技术依旧,或者各产业部门的技术变动的速率不同,那么海洋各产业部门之间的投入要素产出效率系数将会改变,从而产业生产能力结构也会发生变动。

生产要素投入总量的变化。生产要素包括劳动力、资本和自然资源等,是实现产业发展和经济增长的必要条件。生产要素的供给程度和相结合的效益如何,能否提高劳动生产率和降低成本等,都关系到海洋产业的发展。各海洋产业部门之间的发展状况是否相协调,取决于生产要素在各海洋产业间的投入。因此,生产要素的变化必然导致海洋产业结构的变动。当劳动密集型产业在产业结构中居于主导地位时,劳动供给量是推动产业结构演进的主要因素。当资本密集型产业逐渐取代劳动密集型产业成为主导产业时,资本供给量取代劳动供给量而成为推动产业结构演进的主要因素。现代技术的发展、社会生产的集约化与规模化,客观要求劳动密集型产业向资本密集型和技术密集型产业发展。自然资源供给是海洋产业结构发展的自然基础,如旅游资源丰富的国家和地区,海洋旅游服务业会占相当大的比重。但是在科学技术进步的条件下,自然资源供给对海洋产业结构演进的影响效应正日趋减弱。

市场竞争程度。市场机制是配置资源的有效方式。在资源需求的无限性和资源供给的有限性之间选择资源的最优配置,是经济活动的中心课题,因此调整和优化海洋产业结构,就不能不充分发挥市场机制的作用。要充分发挥市场机制对海洋产业结构的调节作用,一个基本的前提条件是搞好市场自身建设,提高市场机制运行效果。根据经济学原理,产业间竞争的结果,使全社会形成一个平均利润。一方面,如果市场竞争程度高,那么生产要素就可以在市场机制的作用下得到自由流动,产业内、产业间展开激烈竞争,资源重新配置,优化组合,低效率的企业在竞争中被淘汰,高效率的企业得到壮大,这样产业结构就会趋于合理;另一方面,市场竞争程度高还有利于海洋新兴产业的发展。海洋新兴产业往往是代表更高级生产力,只要有竞争,生产要素能自由流动,则这些产业在市场机制的作用下,就能获得发展,海洋产业结构从而就会向更高级的形式演进。

2.3.3 海洋产业结构优化升级对海洋科技创新的需求

科技创新是产业结构优化升级的根本推动力(于尚志,2002)。在经济结构调整的过程中,科技的作用主要从两个方面发挥:一是在存量调整方面,用先进技术改造和提升传统产业;二是在增量调整方面,发展高新技术产业,提高经济发展的科技含量。可以说,加快科技进步是促进经济结构战略性调整的关键环节（陈延斌，2012）。

　　高技术产业和知识密集型服务业是我国产业结构升级的方向，同时也是科技支撑的重要着力点。产业结构升级是我国当前产业结构调整的基本要求，具体表现在产业技术集约程度的不断提高，产业结构从低水平向高水平的发展。

　　从熊彼特最早提出的创新理论，到 20 世纪 80 年代的新经济增长理论以及弗雷曼的国家创新体系理论，无不强调科技进步在国家经济增长中的重要作用，而这些理论通过日本战后的经济崛起、美国 20 世纪 90 年代的新经济的发展等得以实证，并越来越多地被各国政府用以规划本国的经济和科技发展。

3 山东省海洋产业结构评价与发展预测

3.1 山东省海洋产业结构总体现状

3.1.1 山东省海洋产业的构成及特点

山东省海洋经济发达，海洋门类齐全。拥有的海洋产业包括海洋渔业、海洋油气业、海洋矿业、海洋盐业、海洋化工业、海洋生物医药业、海洋电力、海水利用业、海洋船舶工业、海洋工程建筑业、海洋交通运输业、滨海旅游业、海洋科研教育管理服务业和海洋相关产业。近年来，各类海洋产业发展快速，且形成了具有区域特色的海洋产业集群，带动了海洋上下游产业蓬勃发展（李彬，2011）。

山东海洋生产总值位于全国前列，2014年达到1.13万亿元，占全省生产总值的19%，成为山东社会经济发展的重要组成部分。山东各海洋产业发展良好，其中，作为第一产业的海洋渔业，无论是渔业新品种数量还是海洋渔业产值，多年来一直处于全国首位。海洋第二产业中，海洋盐业、海洋化工、海洋生物医药均居全国第一，其中海洋盐业产量占全国产量近80%，海洋化工产品产量占全国产量近50%；海洋矿业、沿海港口客货吞吐量居全国第二；海洋油气、滨海旅游等产业产值均居全国前列。主要海洋产业门类齐全，实力雄厚，增加值全国第一。

3.1.2 沿海省份海洋产业结构分析

天津海洋油气产业一枝独秀，产量产值居全国领先地位，海洋化工产业居全国第二，其他主要海洋产业排名相对落后；海南海洋矿业居全国第五，海洋渔业产量居全国第六，其他主要海洋产业排名落后；福建海洋渔业产量和海洋修造船完工量均居全国第二，海洋矿业、海洋化工产品产量居全国第四，海洋交通运输居全国第五，其他主要海洋产业排名相对落后；广东海洋天然气、海洋交通运输、接待入境游客数量均居全国第一，海洋渔业、海洋原油等产业居全国前列，主要海洋产业增加值全国第二，海洋生产总值全国第一；辽宁沿海港口客货吞吐量、海洋渔业、海洋化工分居全国第四、第五、第六位，其他主要海洋产业排名相对落后且产能较低；浙江海洋矿业产量、海洋修造船完工量、海洋货物运输量均居全国第一，海洋渔业全国第三，其中海洋捕捞量居全国之首；河北海盐产量全国第二，但与山东差距较大，海洋油气全国第三，但与天津、广东差距较大，海洋修造船完工量全国第三；江苏海洋化工产量全国第三，海洋货物运输量全国第四；广西海洋产业比较落后，其中海洋渔业产量全国第六（表 3-1）。

表 3-1　2014 年沿海地区海洋产业产值情况

省　份	海洋生产总值 （亿元）	海洋产业增加值 （亿元）	主要海洋产业增加值 （亿元）
山东	11 288.00	6 832.30	4 835.00
广东	13 229.80	8 167.60	4 763.70
天津	5 032.20	2 788.80	2 533.00
河北	2 051.70	1 136.70	1 046.60
辽宁	3 917.00	2 507.20	1 927.80
上海	6 249.00	3 756.10	2 081.10
江苏	5 590.20	3 152.00	2 264.90
浙江	5 437.70	3 335.80	2 263.20
福建	5 980.20	3 407.90	2 617.60
广西	1 021.10	639.40	539.50
海南	902.10	641.20	431.10

3.2　山东省海洋产业结构综合评价

根据海洋产业结构优化升级的基本内涵，本书对于山东省海洋产业结构水平的评价主要从山东省海洋产业结构静态与动态的基本情况入手，进而分析山东省海洋产业结构的合理化水平和高度化水平，最终通过多指标的评价方法综合分析山东省海洋产业结构的水平，从而实现对山东省海洋产业结构较为全面的认识。研究中相关数据主要来源于《中国海洋统计年鉴 2015》，以 2006—2014 年的海洋经济数据、海洋科技数据为主。

3.2.1　山东省海洋产业结构的基本情况

对山东省海洋产业结构的评价，首先是对山东省海洋产业结构静态情况与动态变化的分析。从世界各国的经济发展经验来看，国民经济的发展首先是工业化进程带来的第一产业比重的下降和第二产业成为主导，此后随着生产力的发展和经济的进步，开始呈现出国民经济软化趋势和制造业服务化趋势，第三产业迅速崛起，成为国民经济增长的主要动力，第一产业所占比重将进一步降低，第二产业在经济中的比重会逐渐下降，第三产业所占比重将日趋提高。

（1）山东省海洋产业结构的静态情况　从目前我国海洋产业发展的总体水平来看，我国仍主要处于工业化快速发展的过程中，海洋第一产业所占比重下降明显，第二产业所占比重较高，第三产业所占比重则呈现逐步增长并开始超越第二产业的态势。2013年以前，山东与天津、河北、江苏的海洋产业结构都表现为第二产业＞第三产业＞第一产业的基本特征；从2014年开始，山东省海洋三次产业结构表现为第三产业＞第二产业＞第一产业的特征，三次产业结构比例为7.0∶45.1∶47.9，海洋第三产业开始占据主体地位，但是以海洋化工、临海工业等为代表的海洋第二产业在山东省海洋经济发展中仍占有较高比重，拥有较为突出的地位（图3-1）。

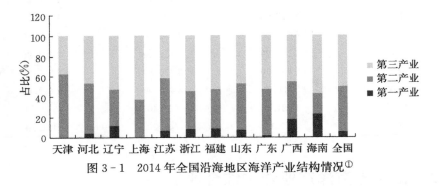

图3-1　2014年全国沿海地区海洋产业结构情况①

（2）山东省海洋产业结构的动态变化　产业结构随着经济的发展始终是在变化的，因此长期来看，产业结构优化是一个动态的过程。掌握海洋产业结构变动的一般过程情况是评价海洋产业结构总体水平的重要内容之一。

定量描述产业结构变化状况的主要指标是结构变动系数，产业结构变动系数主要是通过结构间向量夹角余弦来计算。其表达式为：

$$A = \arccos\left[\frac{(\boldsymbol{X}(t),\boldsymbol{X}(0))}{\parallel \boldsymbol{X}(t) \parallel \times \parallel \boldsymbol{X}(0) \parallel}\right]$$

$$= \arccos\frac{\displaystyle\sum_i x_i(t) \times x_i(0)}{\sqrt{\left(\displaystyle\sum_i x_i^2(t)\right)\left(\displaystyle\sum_i x_i^2(0)\right)}}$$

式中，A 为地区结构变化系数，$x_i(t)$ 和 $x_i(0)$ 为区域内报告期和基期的

---

① 数据来源：《中国海洋统计年鉴2015》。

i 部门产值占该地区总产值的比重，当某区域两个不同时期所有产业部门的比重都无任何变化时，即 $x_i(t) = x_i(0)$，指标值 $A = 0$；一般情况下，$0 < A < \dfrac{\pi}{2}$；结构变化越大，A 也越大。

通过对 2006—2014 年间我国沿海地区海洋产业结构变动系数的计算，如图 3 - 2 所示，可以发现 2006—2014 年期间，山东省海洋产业结构变动系数较低，海洋产业结构调整的水平处于全国中下游，略高于全国平均水平，说明山东省海洋产业结构未发生显著变化。

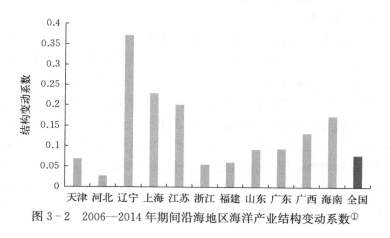

图 3 - 2　2006—2014 年期间沿海地区海洋产业结构变动系数①

3.2.2　山东省海洋产业结构合理化评测

在对山东省海洋产业结构基本情况进行分析的基础上，进一步对山东省海洋产业结构合理化水平进行评测。根据产业结构合理化的内涵，海洋产业结构合理化既是海洋产业健康发展的外在表现之一，也是进一步推动海洋产业可持续发展的根本保障。

（1）产业结构合理化的判别方法　目前学术界对于产业结构合理化的判别标准在理解上有所不同，产业结构合理化标准也存在着不同的选择。通常普遍使用的判断标准主要有：

① 标准结构比较法。该方法是通过借助一个动态的参照结构，将被分析的产业结构与参照结构进行比较，以此来评价该区域产业间比例的合理性。在学术界，以美国著名经济学家钱纳里为代表的一些学者在对大量发达国家产业

---

① 根据 2007—2015 年《中国海洋统计年鉴》计算。

结构的演进进行综合研究的基础上获得的"标准结构",在一定程度上可以较好地反映国民经济产业结构演进的规律,因此常被用作判别某一产业结构系统是否合理的参照系,来判断不同经济发展阶段上的产业结构是否合理化(苏东水,2000)。常用的标准有库兹涅茨"标准结构",钱纳里"产业结构标准模式",赛尔奎因和钱纳里模式等,这些标准结构均是根据众多不同国家的发展经验,使用了大量的相关经济统计数据所分析获得的,具有较强的参考价值,在各类研究中的使用也较为普遍。由于标准结构比较法中与区域经济发展所处的水平密切相关,因此,在本研究中将该方法应用于山东省海洋产业结构合理化水平预测的研究中。

② 结构效果法。这种方法是将产业结构的合理性与产业结构的变动所带来的经济和社会效益联系在一起,是一种动态的衡量方法,若产业结构的变动能够引起经济的增长就认为产业结构是合理的,否则就认为是不合理的。这种方法的思想可以通过对产业进行偏离份额分析来实现定量计算,偏离份额分析法最早是由美国经济学家 Daniel Kremer 提出的,由 E. S. Dern 和 Edgar Hoover 在应用中进一步发展,该方法的核心是将区域经济增长速度的差距分解为产业结构因素和竞争力因素两方面。借助偏离份额分析法,我们可以通过研究产业结构因素对区域经济发展的影响进而对产业结构合理化程度进行测算。由于该方法对数据的要求较低,并能获得较为科学的结果,因此本研究选择该方法对山东省海洋产业结构的合理化水平进行评测。

此外,在产业结构合理化定量判别中较为常用的方法还有结构偏离度、泰尔系数和投入产出法等,但上述方法中,需要产业从业人员人数等相关数据,具体到海洋产业研究中,数据的获取和可操作方面均有一定的难度,因此在本研究中无法实现。

(2) 山东省海洋产业结构合理化的偏离份额分析法判别

① 偏离份额分析(Shift - share analysis)模型的建立。偏离份额分析法是把区域经济的变化看作一个动态的过程,将区域所在的整个国家的经济发展作为参照系,将区域自身经济总量在某一时期的变动分解为三个分量,即份额分量、结构分量和竞争力分量。以此说明区域经济发展和衰退的原因,评价区域经济结构优劣和自身竞争力的强弱,找出区域具有相对竞争优势的产业部门,进而可以确定区域未来经济发展的合理方向和产业结构调整的原则。在区域产业结构合理化的研究中,经济增长的结构分量越大,说明产业结构带给经济增长的贡献越大,从而说明区域产业结构的合理化程度越高。

$F(T)$ 表示 T 时期我国海洋经济生产总值,$F_i(T)$ 表示 T 时期我国海洋

i 产业的产值，$F_{ij}(T)$ 表示 T 时期 j 地区 i 产业的产值，则：

$$F_i(T) = \sum_{j=1}^{n} F_{ij}(T), \quad F(T) = \sum_{i=1}^{n} F_i(T)$$

以 $T = t_0$ 为基期，$T = t$ 为报告期，ΔF_{ij} 为 j 地区海洋 i 产业的增加额，则：

$$
\begin{aligned}
\Delta F_{ij} &= F_{ij}(t) - F_{ij}(t_0) \\
&= F_{ij}(t_0)\left[\frac{F(t)}{F(t_0)} - 1\right] + F_{ij}(t_0)\left[\frac{F_i(t)}{F_i(t_0)} - \frac{F(t)}{F(t_0)}\right] + \\
&\quad F_{ij}(t_0)\left[\frac{F_{ij}(t)}{F_{ij}(t_0)} - \frac{F_i(t)}{F_i(t_0)}\right] \\
&= N_{ij} + P_{ij} + D_{ij}
\end{aligned}
$$

其中：$N_{ij} = F_{ij}(t_0)\left[\dfrac{F(t)}{F(t_0)} - 1\right]$，为全国海洋经济增长分量，即 j 地区海洋 i 产业按照全国海洋经济总产值的增长速度所应有的增长额；

$P_{ij} = F_{ij}(t_0)\left[\dfrac{F_i(t)}{F_i(t_0)} - \dfrac{F(t)}{F(t_0)}\right]$，为海洋产业结构分量，即 j 地区 i 产业以全国为标准产业结构的优劣程度，它只取决于 F_{ij} 的结构；

$D_{ij} = F_{ij}(t_0)\left[\dfrac{F_{ij}(t)}{F_{ij}(t_0)} - \dfrac{F_i(t)}{F_i(t_0)}\right]$，为竞争力分量，是 j 地区 i 产业增长额扣除全国海洋经济增长和部门结构变动因素之后的增长额。利用竞争力分量可以了解 j 地区 i 产业在全国海洋 i 产业中的竞争地位，也可以判断全国海洋 i 产业的收缩或扩张发生在哪些地区；

$P_{ij} + D_{ij}$ 为 j 地区 i 产业与全国海洋经济增长的偏离量。

根据各地区三次产业的偏离份额分析，可以进一步确定我国各地区海洋经济整体发展的竞争力分析。具体计算为：

$B_j(T)$ 为 T 时期地区 j 的区域海洋经济生产总值，则一段时期内的增量 $\Delta B_j = N_j + P_j + D_j$，其中 $N_j = \sum_{i=1}^{n} N_{ij}$，$P_j = \sum_{i=1}^{n} P_{ij}$，$D_j = \sum_{i=1}^{n} D_{ij}$。

根据这一思想，可以进一步构建 j 地区的海洋产业结构效果指数 W_j，令：

$$W_j = \frac{\sum_{i=1}^{3} \dfrac{F_{ij}(t_0)}{F_j(t_0)} \times F_i(t)}{\sum_{i=1}^{3} \dfrac{F_{ij}(t_0)}{F_i(t_0)} \times F_i(t_0)} = \frac{F(t)}{F(t_0)}$$，则 W_j 如果大于 1，表示 j 地区海洋

经济中发展好、增长快的海洋产业部门所占比重较大，区域内的海洋产业的结构比较合理，海洋产业结构对于海洋经济增长的贡献较大。

② 计算结果。采用偏离份额分析法对基期 2006 年到报告期 2014 年沿海 11 个省份的海洋产业结构效果指数分别进行计算，得到的具体结果如图 3-3 所示。

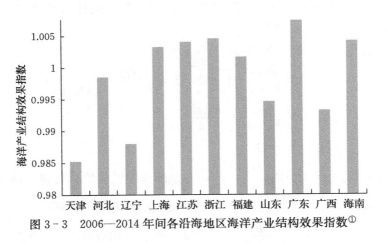

图 3-3　2006—2014 年间各沿海地区海洋产业结构效果指数①

　　计算结果显示，山东省三次海洋产业结构的比重总体上接近基本合理的水平，但是海洋产业结构合理化的程度并不突出，海洋产业结构对海洋经济发展的效果指数仅为 0.994 612，作用不明显。从全国各沿海地区来看，山东省海洋产业结构合理化水平低于全国总体水平，各沿海地区海洋产业结构的合理化水平均较低，海洋产业结构效果指数最高的广东也仅为 1.007 369，我国海洋产业结构的合理化水平亟待提高。

3.2.3　山东省海洋产业结构高度化评测

　　产业结构高度化是产业结构合理化进一步发展的目的，在对山东省海洋产业结构合理化水平进行评测的基础上，本节对山东省海洋产业结构的高度化水平进行定量分析。

　　（1）产业结构高度化测度方法　产业结构高度化的测度就是对一个国家或地区产业结构系统转变或演进程度的测度。目前，国内外学术界对产业结构高度化测度的研究有很多，普遍使用的测度方法主要有：

　　① 国际标准结构比较法。与产业结构的合理化判断标准类似，对一个特定经济系统的产业结构高度化进行判别，可以将其与"标准结构"进行比较，

---

　　①　根据 2007—2015 年《中国海洋统计年鉴》计算。

通过统计分析大多数国家产业结构高度化的演进，从而综合出一系列能够衡量某一高度化阶段的若干指标，作为产业结构高度化演进到不同阶段的标准。目前较为常用的产业结构高度化判别"标准结构"主要是来自库兹涅茨、钱纳里、塞尔奎因等学者的相关研究成果，产业高度化判断标准根据使用的判断指标不同可以分为产值结构、劳动力结构、相对劳动生产率结构等。

②产业结构高度化的相对比较判别。产业结构高度化的相对比较判别法是针对不同国家或区域进行产业结构高度化比较的方法，这种方法的优点在于当进行两个或两个以上区域的产业结构高度化比较时，可以通过在比较对象之外选择一个共同标准，如国际标准结构等，对各个比较区域与标准结构间的进行比较进而获得各区域间产业结构高度化的差异。

相对比较判别的方法主要有两种，第一种是相似判别法，通过比较两个经济系统的产业结构相似程度，以两者的"接近程度"进行衡量；另一种方法是距离判别法，通过度量两个产业结构系统之间的差距，根据两者的"离差程度"进行衡量（吉小燕，2006）。相似判别法的计算方法具体包括夹角余弦法和相关关系法，距离判别法通常使用的方法主要包括欧氏距离法、海明距离法。

夹角余弦法是相似判别法的主要计算方法之一，联合国工业发展组织推荐使用的相似判别公式为：

$$S_{AB} = \frac{\sum\limits_{i=1}^{n} X_{Ai} X_{Bi}}{\sqrt{\left(\sum\limits_{i=1}^{n} X_{Ai}^2\right) \times \left(\sum\limits_{i=1}^{n} X_{Bi}^2\right)}} \quad (0 \leqslant S_{AB} \leqslant 1)$$

式中，X_{Ai} 表示在 A 产业结构系统中 i 部门所占的比重，X_{Bi} 表示 B 产业结构系统中 i 部门所占的比重。S_{AB} 表示 A 产业结构和 B 产业结构间的相似系数。

欧氏距离法、海明距离法是距离判别法的主要计算方法，其重点是计算出系统之间的差离程度。距离判别法的具体关系式主要是：

欧氏距离法，$r_{AB} = \left[\sum\limits_{i=1}^{n} (X_{Ai} - X_{Bi})^2\right]^{1/2}$

海明距离法，$r_{AB} = \sum\limits_{i=1}^{n} |X_{Ai} - X_{Bi}|$

在具体应用中，为了使上述计算公式的值域范围更加直观，一般会对其计算结果进行修正，通过一种映射关系，将其值域映射到 [0，1] 的区间。通常选择在公式中加入一个适当的大于零的常数 C，使得最终结果 r_{AB} 位于 [0，1] 的区间，修正为以下形式。

欧氏距离法，$r_{AB} = 1 - C \left[\sum_{i=1}^{n} (X_{Ai} - X_{Bi})^2 \right]^{1/2}$

海明距离法，$r_{AB} = 1 - C \sum_{i=1}^{n} |X_{Ai} - X_{Bi}|$

（2）山东省海洋产业结构高度化的相对比较判别　对山东省海洋产业结构高度化与其他沿海地区进行比较分析，本研究选择相对比较判别的方法，具体方法采用联合国工业发展组织推荐使用的相似判别法。对于比较判别中共同标准的选择，为保证标准产业结构的高度化具有较为广泛的代表性，研究中选择了 2014 年经济合作与发展组织（OECD）中高收入国家的产业结构情况作为标准，相关数据来源于《国际统计年鉴 2015》。通过对 11 个沿海省市 2014 年海洋产业结构与经济合作与发展组织（OECD）中高收入国家产业结构相似系数进行计算，得到的结果如图 3-4 所示。

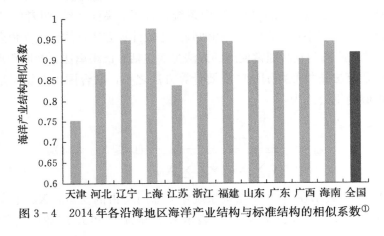

图 3-4　2014 年各沿海地区海洋产业结构与标准结构的相似系数①

对 2014 年全国各沿海地区海洋产业结构与经济合作与发展组织（OECD）中高收入国家产业结构间相似系数的比较结果显示，与其他沿海省市相比，山东省海洋产业结构的高度化水平较低，在全国沿海省市中处于中下游水平，与海洋产业结构高度化水平较高的上海等地区，差距十分明显，其中海洋第三产业发展缓慢、所占比重较低是制约山东省海洋产业结构向高级化演进的重要因素。

3.2.4　山东省海洋产业结构水平综合评价

在之前的研究中，已经对山东省海洋产业结构的基本现状、变动程度、合

---

① 根据《中国海洋统计年鉴 2015》《国际统计年鉴 2015》计算。

理化水平以及高度化水平等多个方面的内容进行了分析，通过这些单一指标的研究，从不同角度探讨了山东省海洋产业结构所处的水平。同时我们也希望能够对山东省海洋产业结构的整体发展情况进行更为全面系统的了解。因此，在上述研究的基础上本书将进一步对山东省海洋产业结构的发展情况进行多指标的综合评价。在目前主要的综合评价方法中，所得的评价值一般只是相对值，没有绝对意义，通常需要对评价对象进行横向或纵向的比较获得相应的结论，在本书的研究中，将通过对全国沿海地区海洋产业结构水平的综合评价与比较，实现对山东省海洋产业结构水平的科学评价。

（1）区域海洋产业结构水平综合评价指标体系　对我国沿海地区海洋产业结构水平进行有效的综合评价与比较，首要的工作是要建立起科学可行的评价指标体系，并选择科学的方法进行评价。

多指标的综合评价主要是从多个角度选取不同的评价指标以反映评价对象的不同方面，最终综合起来获得对评价对象整体情况的认识，多指标综合评价结果能否全面、客观、准确地反映评价对象的整体情况，关键就在于评价指标的选择，以及整个评价指标体系的建立。在进行评价时，首先要明确评价的对象、目标及评价准则，其次就需要分析待评价问题中所包含的元素，并按照评价的目标和准则、要素间的相互关联影响以及隶属关系选择建立起完善的评价指标体系，只有构建切实可行的指标体系，运用科学的评价方法，才能对区域经济做出正确评价。

① 区域海洋产业结构水平综合评价指标体系构建的基本原则。指标体系的构建主要是指标的选取以及各项指标之间相互关系的确定，各沿海地区海洋产业结构水平综合评价指标体系的设计既要符合指标体系构建的一般性原则，也要根据海洋产业自身的特点，体现出区域海洋产业结构的内涵，符合区域海洋产业发展的规律。具体应包括以下几个方面（陈凯，2009）：

实用性原则。综合评价的核心是评价的结论具有实际应用价值，这就要求指标体系所选择的指标应为大多数人所理解和接受，而且指标的选择不仅要符合我国的国情，从实际出发提出各项指标，同时也要针对海洋产业结构的基本特征，体现出不同区域、不同类型海洋产业发展的差异。

可操作性原则。构建海洋产业结构水平综合评价指标体系的可操作性体现在：一是指标具有可测量性和可估性，那些不可观测或理论上可测但实际中无法操作的不能纳入综合评价指标体系中；二是选取的指标必须可以计算，数据应与国家基本统计指标口径相一致，且具有代表性。

有效性原则。有效性是指所构建的综合评价指标体系必须与所反映对象相符。运用指标体系进行沿海地区海洋产业结构水平的横向和纵向比较时，要符合客观实际，指标变化要能说明所描述对象的变化。

完备性原则。指标体系的完备性就是指标体系的指标全面性，指标体系的信息量既必要又充分，不遗漏任一重要的指标，若干指标构成一个指标的完备群，尽可能全面地、毫无遗漏地反映评价目标。其理想状态是每一个指标反映沿海地区海洋产业结构水平的某一个层面，n 个指标相互独立，构成的 n 维空间中，每个点都对应着沿海地区海洋产业结构水平的一个状态。

系统层次性原则。沿海地区海洋产业结构水平的综合评价指标体系应呈现出系统层次性，区域海洋产业发展作为一个涵盖多个层面的系统，在每一个层次中都包含了很多因素，因此通过分层次的评价不仅能得到总的评价结果，而且能了解到每个层次的评价状况。一般应包括具体指标层、大类指标层和综合指标层三个层次。

② 区域海洋产业结构水平综合评价指标体系的建立。关于区域产业结构评价的研究较为丰富，许多学者对评价指标体系进行了大量的研究，为本书的研究提供了很好的基础。因此根据区域海洋产业结构水平综合评价指标体系的系统层次性原则，结合已有的相关研究，同时考虑区域海洋产业发展的特点以及数据资料的可获取性，本研究将区域海洋产业结构水平分为区域海洋产业结构优化水平、区域海洋产业发展水平、区域海洋产业可持续发展水平三个主要方面。

区域海洋产业结构优化水平，主要是衡量区域海洋产业结构自身的发展水平，体现区域海洋产业内部结构的相互关系，主要包括了区域海洋产业结构合理化水平、区域海洋产业结构高度化水平和区域海洋产业结构调整水平；区域海洋产业发展水平，主要是衡量区域在一定时期内海洋产业结构对海洋产业发展的推动与促进，包括了区域海洋产业发展质量和区域海洋产业发展效率；区域海洋产业可持续发展水平，主要是从资源与环境角度衡量区域海洋产业结构对区域海洋产业可持续发展方面的作用与影响，包括了区域海洋产业发展的环境压力和区域海洋产业发展的能耗水平。

从结构上，区域海洋产业结构水平的综合评价指标体系如图 3 - 5 所示。

本研究在将区域海洋产业结构水平分为区域海洋产业结构优化水平、区域海洋产业发展水平、区域海洋产业可持续发展水平三个方面的基础上，按照区域海洋产业结构水平综合评价指标选择的原则，根据各海洋产业结构水平组成部分所包含内容的基本内涵，通过之前对山东省海洋产业结构各项情况的分析，以及参考前人已有的研究成果，建立了区域海洋产业结构水平综合评价指标体系（表 3 - 2）。

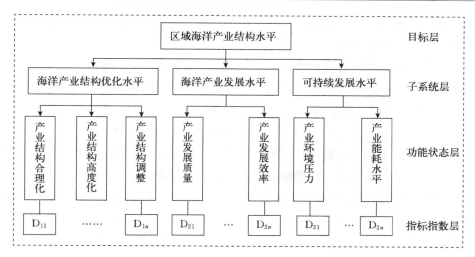

图 3 - 5　区域海洋产业结构水平综合评价指标体系结构图

表 3 - 2　区域海洋产业结构水平综合评价指标体系

一级指标	二级指标	三级指标
区域海洋产业结构优化水平	区域海洋产业结构合理化水平	区域海洋产业结构效果指数
	区域海洋产业结构高度化水平	区域海洋第三产业所占比重
		区域海洋科研教育管理服务业所占比重
		区域海洋产业高度化判别相似系数
	区域海洋产业结构调整水平	区域海洋产业结构变动系数
		区域海洋产业结构升级指数
区域海洋产业发展水平	区域海洋产业发展质量	区域海洋 GDP
		区域海洋产业增加值
		区域海洋 GDP 占沿海地区 GDP 的比重
	区域海洋产业发展效率	区域海洋 GDP 年均增长速度
		区域海洋产业全员劳动生产率
区域海洋产业可持续发展水平	区域海洋产业发展的环境压力	区域管辖海域一二类海水所占比重
		区域单位海洋 GDP 产值工业污水排海量
	区域海洋产业发展的能耗水平	区域万元 GDP 能耗

　　本研究所建立的指标体系共包括 3 个一级指标、7 个二级指标和 14 个三级指标，在保证数据可比性和可得性的基础上，力求涵盖评价对象的大部分基

础指标，同时包含了指标的绝对水平、相对水平以及变化速度等，从而确保综合评价指标的相对全面。

本书主要的评价对象是沿海 11 省市的区域海洋产业结构水平，评价指标数据的时间为 2014 年，指标数据主要来源于《中国海洋统计年鉴 2015》《2015 年近海海域环境公报》。

（2）综合评价方法的选择——基于熵权法的模糊综合评价　由于区域发展综合实力概念本身具有模糊性，因此可将模糊综合评价法作为一种评价区域发展综合实力的有效工具。模糊综合评价的实质是模糊变换。它把一个在论域 U 上出现为模糊向量 A 的某一模糊概念转换到论域 V 上表现为模糊向量 B，而这种变换又是通过 U 和 V 之间的模糊关系矩阵 R 来实现的。模糊综合评价的主要优点是能够综合评价对象所蕴含的各种不相同性质的因素，从而可以做出较为客观的评价。在适用范围上，模糊综合评价方法不仅可以应用于线性问题，而且也可以在非线性问题的评价上使用，应用范围较为广泛。其评价标准也可以避免人为划分等级的主观方法，因此使得该方法具有较强的科学性和实用性。

① 隶属矩阵的建立。隶属函数的设计是构建模糊综合评价模型的基础。通过隶属矩阵即模糊关系矩阵 R 的建立来实现论域 U 上模糊向量 A 的某一模糊概念转换到论域 V 上表现为模糊向量 B。隶属度的计算按照数据主客观属性的不同而有着不同的规则。对于客观指标一般利用模糊分布计算隶属函数。通常根据评价对象各个指标 x_{ij}（其中 $i=1, 2, \cdots, n$；$j=1, 2, \cdots, m$，x_{ij} 为第 i 个评价对象在第 j 个评价指标上的实际值）的特点划分为成本型（越小越优型）、效益型（越大越优型）、适中型（越接近某一指标越优型）等指标。其隶属度函数分别如下：

成本型：$r_{ij} = \dfrac{\max\limits_{i}\{x_{ij}\} - x_{ij}}{\max\limits_{i}\{x_{ij}\} - \min\limits_{i}\{x_{ij}\}}$，$i=1, 2, \cdots, n$

效益型：$r_{ij} = \dfrac{x_{ij} - \min\limits_{i}\{x_{ij}\}}{\max\limits_{i}\{x_{ij}\} - \min\limits_{i}\{x_{ij}\}}$，$i=1, 2, \cdots, n$

适中型：$r_{ij} = 1 - \dfrac{|x_{ij} - u_j|}{\max|x_{ij} - u_j|}$，$i=1, 2, \cdots, n$

本研究中，除了可持续发展水平中的区域单位海洋 GDP 产值工业污水排海量、区域万元 GDP 能耗为成本型指标外，其他均为效益型指标。通过隶属度函数的计算可得到以下隶属矩阵即各因素的评判矩阵：

$$\boldsymbol{R}=\begin{bmatrix} r_{11} & r_{12} & \cdots & r_{1m} \\ r_{21} & r_{22} & \cdots & r_{2m} \\ \vdots & \vdots & & \vdots \\ r_{n1} & r_{n2} & \cdots & r_{nm} \end{bmatrix}$$

② 基于熵权法的指标权重确定。模糊综合评价法的第二步是确立各个评价指标的权重，本研究研究选择熵权法对各个指标赋权。其基本步骤是：

首先，对原始指标数据矩阵 $\boldsymbol{X}=(x_{ij})_{n\times m}$ 进行标准化，假定评价指标 j 的最优值为 x_j^*，评价指标根据性质不同分为正向指标和负向指标，对于正向指标，最优值 x_j^* 为指标 j 各地区统计值的最大值，记为 $x_j^{\max}$，$x_j^*=x_j^{\max}$；对于负向指标，最优值 x_j^* 为指标 j 各地区统计值的最小值，记为 $x_j^{\min}$，$x_j^*=x_j^{\min}$。设 x_{ij}' 为 x_{ij} 规范化后的指标，对于正向指标，$x_{ij}'=\dfrac{x_{ij}}{x_j^*}$；对于负向指标，$x_{ij}'=\dfrac{x_j^*}{x_{ij}}$，则定义各指标统计数值的标准化值 $y_{ij}=\dfrac{x_{ij}'}{\sum\limits_{i=1}^{n} x_{ij}'}(0\leqslant y_{ij}\leqslant 1)$，因此数据的标准化矩阵为 $\boldsymbol{Y}=(y_{ij})_{n\times m}$。

其次，计算 j 指标的信息熵值 e_j 和差异系数，对于第 j 项指标，熵值 $e_j=-k\sum\limits_{i=1}^{n} y_{ij}\ln(y_{ij})$，其中 $k=\dfrac{1}{\ln n}$，$\ln$ 为自然对数，则 $k>0$，$e_j\geqslant 0$。对于给定的评价指标 j，x_{ij} 的差异性越小，则 e_j 越大，当 x_{ij} 全部相等时，$e_j=e_{\max}=1$，此时对于综合评价，j 指标完全没有作用；当各地区的指标值相差越大时，e_j 越小，该项指标对于综合评价所起的作用越大。因此，定义指标 j 的差异系数为 $g_j=1-e_j$，g_j 也就可以被看作第 j 项评价指标的信息效用值。

最后，计算评价指标的权重，评价指标 j 的权重为：$\omega_j=\dfrac{g_j}{\sum\limits_{j=1}^{n} g_j}$。

③ 评价结果。利用前面已确定的权重向量 $\boldsymbol{W}$ 及隶属矩阵 $\boldsymbol{R}$ 即可定义模糊合成运算模型：

$$\boldsymbol{B}=\boldsymbol{R}\times\boldsymbol{W}=\begin{bmatrix} r_{11} & r_{12} & \cdots & r_{1m} \\ r_{21} & r_{22} & \cdots & r_{2m} \\ \vdots & \vdots & & \vdots \\ r_{n1} & r_{n2} & \cdots & r_{nm} \end{bmatrix}(w_1,\ w_2,\ \cdots,\ w_m)^T=(b_1,\ b_2,\ \cdots,\ b_n)^T$$

最终的评价结果 $b_i\in[0,1]$，评价对象的得分 b_i 越接近 $1(i=1,2,\cdots,n)$，表示评价对象的评价结论越好。根据三级指标在各自一级指标内的权重，进一步确定每个评价对象在一级指标下的得分，由此可得到如表3-3的评价结果：

表3-3　2014年全国沿海地区海洋产业结构水平综合评价

省　份	区域海洋产业结构水平	区域海洋产业结构优化水平	区域海洋产业发展水平	区域海洋产业可持续发展水平
天津	0.412 113	0.044 749	0.547 492	0.747 585
河北	0.220 285	0.185 689	0.133 221	0.417 587
辽宁	0.415 373	0.443 319	0.268 290	0.616 944
上海	0.638 494	0.696 928	0.521 759	0.743 184
江苏	0.503 379	0.499 152	0.462 670	0.577 409
浙江	0.418 181	0.428 820	0.367 704	0.485 760
福建	0.475 301	0.330 535	0.451 180	0.736 114
山东	0.553 530	0.172049	0.729 898	0.842 480
广东	0.770 805	0.718 015	0.811 184	0.784 272
广西	0.191 772	0.321 144	0.070 806	0.195 306
海南	0.472 499	0.501 101	0.161 660	0.944 935

通过对我国沿海地区区域海洋产业结构水平的综合评价可以发现，我国各沿海地区的海洋产业结构水平得分普遍不高，得分最高的广东也仅为0.770 805，产业结构已经成为制约我国海洋产业发展的重要因素。具体到山东省海洋产业结构的发展水平来看，山东省海洋产业结构总体水平位于全国的前列，排在广东、上海之后，但与其他沿海地区相比，优势并不明显。海洋产业结构的总体水平仍然较低，其中在海洋产业结构的优化水平方面，劣势最为明显，处于全国沿海地区倒数第二位，并与先进地区存在着较大的差距。而在海洋产业发展水平和海洋产业可持续发展水平方面，山东省的总体排名较为靠前，但优势并不突出，且与先进地区存在一定的差距。研究结果表明，山东省海洋产业结构优化水平的滞后，使得山东省海洋产业结构对海洋产业快速可持续发展的推动作用较为有限。

在上述研究中，本书分别从产业结构变动、产业结构合理化水平、产业结构高度化水平等多个单项指标的评价，以及涵盖产业结构优化、产业发展等多项指标的综合评价几个方面，对山东省海洋产业结构的情况进行了较为全面的评价。研究显示：

一是山东省三次海洋产业结构主要表现为第二产业＞第三产业＞第一产业的基本特征，且海洋产业结构较为稳定，2006—2014年，海洋产业结构的变动程度不大，未出现显著的调整变化。

二是在海洋产业结构合理化方面，2006—2014 年间，山东省海洋产业结构表现出了一定的与海洋产业发展的相适应性，对海洋产业的发展增长起到了促进推动的作用，但总体效果不明显，海洋产业结构的合理化水平并不突出。

三是在海洋产业结构高度化方面，由于产业结构变动程度较低，海洋产业结构的升级演进较为滞后，2014 年山东省海洋产业结构的高度化水平，与先进的沿海地区相比存在一定的差距，产业结构的高度化有待进一步的提高。

四是从海洋产业结构发展水平的综合表现来看，全国范围内，山东省海洋产业结构综合水平的优势并不显著，且与先进地区存在差距，受海洋产业结构优化升级情况的制约，山东省海洋产业结构对推动海洋产业发展的作用较为有限，产业结构优化升级的滞后已成为影响山东省海洋经济发展的重要因素。

3.3 "十三五"期间山东省海洋产业结构预测分析

区域产业结构本质上是由区域社会生产力发展水平所决定的，产业结构的演进以及产业内部结构的升级是区域经济发展的重要现象，因此，通过对区域产业结构历史数据的分析可以总结并预测未来一段时期区域产业结构的变化趋势。同时合理化和高度化的产业结构，又对社会生产力的发展起着积极的促进作用，根据区域经济发展的总体规模，借鉴参考先进地区的经验，可以较为准确地明确区域经济发展过程中较为合理的产业结构，从而通过积极调整优化产业结构更好地推动区域经济的发展。

根据上述思想，本研究将根据山东省海洋经济和海洋产业结构的发展现状，对"十三五"期间山东省海洋产业结构的发展趋势进行预测分析，同时通过对山东省"十三五"期间的海洋经济发展情况进行预测，参照赛尔奎因和钱纳里的产业结构标准模式和经济合作与发展组织相关国家产业结构水平，提出相应的海洋产业结构合理水平。

3.3.1 山东省海洋产业结构变动预测

对山东省海洋产业结构未来发展趋势的预测，主要是根据当前山东省海洋经济的发展水平，通过对山东省海洋产业结构历史数据的分析，提出今后一段时期山东省三次海洋产业比重的变动情况。

（1）山东省海洋产业结构预测方法

① 成分数据模型的构建。通过总结其他学者的研究成果，本研究针对产业结构中三次产业比重之和为 1 的约束，采用成分数据的处理方法，对山东省

海洋产业结构的发展规律和趋势进行预测建模和分析（宁自军，2001）。在统计学中，将总和等于 1 的各份额数据的组合称为成分数据，成分数据能够保证各个成分的份额总和为 1，并能体现各个成分随时间的变化规律，具有合理、有效的趋势分析与预测功能。

假设一组按时间顺序的成分数据序列：

$$X^T = \left\{ (x_1^t, \cdots, x_p^t) \in \mathbf{R}^p \mid \sum_{j=1}^{p} x_j^t = 1, \, 0 \leqslant x_j^t \leqslant 1 \right\}, \, t = 1, 2, \cdots, T$$

对于成分数据序列 X^T 在 $T+L$ 时刻的预测，首先需要对 X^T 的原成分数据作非线性变换：

$$y_j^t = \sqrt{x_j^t}, \, j = 1, 2, \cdots, p; \, t = 1, 2, \cdots, T, \text{记}$$

$\boldsymbol{y}^t = (y_1^t, y_2^t, \cdots, y_p^t), \, t = 1, 2, \cdots, T,$ 则

$$\| \boldsymbol{y}^t \|^2 = \sum_{j=1}^{p} (y_j^t)^2 = 1 \qquad (3-1)$$

对于任意的 $t = 1, 2, \cdots, T$，由式（3-1）可知，数据 $\boldsymbol{y}^t = (y_1^t, y_2^t, \cdots, y_p^t) \in \mathbf{R}^p$ 分布在一个半径为 1 的 p 维超球面上，进行预测则需要将 $\boldsymbol{y}^t = (y_1^t, y_2^t, \cdots, y_p^t) \in \mathbf{R}^p$ 从直角坐标系变换到球面坐标系 $(r^t, \theta_2, \theta_3, \cdots, \theta_p) \in \Theta^p$，则有 $\mathbf{R}^p \to \Theta^p$ 映射如下：

$$y_1^t = \sin\theta_2^t \sin\theta_3^t \cdots \sin\theta_p^t$$

$$y_2^t = \cos\theta_2^t \sin\theta_3^t \cdots \sin\theta_p^t$$

$$\cdots\cdots$$

$$y_{p-2}^t = \cos\theta_{p-2}^t \sin\theta_{p-1}^t \cdots \sin\theta_p^t$$

$$y_{p-1}^t = \cos\theta_{p-1}^t \sin\theta_p^t$$

$$y_p^t = \cos\theta_p^t \qquad (3-2)$$

其中：$0 \leqslant \theta_j^t \leqslant \pi/2, \, j = 2, \cdots, p$

通过变换，成分数据由原来的 p 维空间降低到 $p-1$ 维空间，因此，原来的线性相关的变量被转换成（$p-1$）个独立的转角 θ_j^t，根据式（3-2），利用递归算法可以求得：

$$\theta_p^t = \arccos y_p^t$$

$$\theta_{p-1}^t = \arccos\left(\frac{y_{p-1}^t}{\sin\theta_p^t}\right)$$

$$\theta_{p-2}^t = \arccos\left(\frac{y_{p-2}^t}{\sin\theta_p^t \sin\theta_{p-1}^t}\right)$$

$$\cdots\cdots$$

$$\theta_2^t = \arccos\left(\frac{y_2^t}{\sin\theta_p^t \sin\theta_{p-1}^t \cdots \sin\theta_3^t}\right)$$

对于得到的转角数据 $\{\theta_j^t, j=2, 3, \cdots, p; t=1, 2, \cdots, T\}$ 可以采用相应的预测方法进行 $T+L$ 时刻的预测,从而得到 $T+L$ 时刻的预测值 θ_j^{T+L},然后根据式(3-2),可以得到 $y^{T+L}=(y_1^{T+L}, y_2^{T+L}, \cdots, y_p^{T+L})$,则 $T+L$ 时刻的成分数据预测值为:

$$x_j^{T+L}=(y_j^{T+L})^2, \quad j=1, 2, \cdots, p$$

② 预测方法的选择。在本书的研究中,由于山东省海洋产业结构的统计数据样本有限,受数据限制,在对转角数据预测方法的选择上,采用了对样本信息要求较低的灰色系统预测模型 GM(1,1) 进行预测。

灰色系统预测模型 GM(1,1) 是以灰色系统理论为基础,是一种研究少数据、贫信息或不确定性问题的方法,以部分信息已知,部分信息未知的小样本、贫信息或不确定性系统为研究对象,通过对部分已知信息的生产、开发,提取有价值的信息,实现对系统运行行为、演化规律的正确描述和有效监控。区域海洋产业结构的发展是一个较为复杂的系统,影响区域海洋产业结构的因素包括了许多方面,由于目前海洋经济发展相关统计数据并不完善,同时目前海洋经济正处于快速发展的成长期,而灰色系统预测模型对于观测数据的要求与限制较小,应用领域宽泛,且灰色系统方法适用于经济成长期的预测,对短期预测的结果误差较小,因此,本书选择运用灰色系统预测模型对山东省海洋产业结构变化趋势进行预测具有较好的科学性和可行性。

GM(1,1) 是最常用、最简单的一种灰色模型,模型由一个只包含一阶单变量的微分方程构成。

GM(1,1) 预测模型的建模过程和机理如下:

记原始数据序列 $\boldsymbol{X}^{(0)}$ 为非负序列

$$\boldsymbol{X}^{(0)}=(x^{(0)}(1), x^{(0)}(2), x^{(0)}(3), \cdots, x^{(0)}(n))$$

其中,$x^{(0)}(k)\geqslant 0, k=1, 2, \cdots, n$

其相应生成序列为 $\boldsymbol{X}^{(1)}$

$$\boldsymbol{X}^{(1)}=(x^{(1)}(1), x^{(1)}(2), x^{(1)}(3), \cdots, x^{(1)}(n))$$

其中,$x^{(1)}(k)=\sum_{i=1}^{k} x^{(0)}(i), k=1, 2, \cdots, n$

$\boldsymbol{Z}^{(1)}$ 为 $\boldsymbol{X}^{(1)}$ 的紧邻均值生成序列,$\boldsymbol{Z}^{(1)}=(z^{(1)}(1), z^{(1)}(2), z^{(1)}(3), \cdots, z^{(1)}(n))$

其中，$z^{(1)}(k)=0.5x^{(1)}(k)+0.5x^{(1)}(k-1)$，$k=1$，$2$，$\cdots$，$n$

则 GM(1，1) 模型为　$x^{(0)}(k)+az^{(1)}(k)=b$　　　　　　(3-3)

其中 a，b 是需要通过建模求解的参数，$\bar{a}=(a，b)^T$ 为参数列，

$$Y=\begin{bmatrix}x^{(0)}(2)\\x^{(0)}(3)\\\vdots\\x^{(0)}(n)\end{bmatrix}，\quad B=\begin{bmatrix}-z^{(1)}(2)&1\\-z^{(1)}(3)&1\\\vdots&\vdots\\-z^{(1)}(n)&1\end{bmatrix}$$

则利用最小二乘法求解可得 $\hat{a}=(B^TB)^{-1}B^TY$

将所得参数 $\hat{a}$ 代入式（3-3），然后求解微分方程，可得灰色 GM(1，1)
内涵型的表达式为：

$$\hat{x}^{(0)}(k)=u^{k-2}\times v \qquad (3-4)$$

其中，$u=\dfrac{1-0.5a}{1+0.5a}$，$v=\dfrac{b-a\times x^{(0)}(1)}{1+0.5a}$

（2）"十三五"期间山东省海洋产业结构预测　研究首先根据 2006—2014
年山东省海洋三次产业结构的基础数据，如表 3-4 所示，构建山东省海洋产
业结构的成分数据模型。

表 3-4　2006—2014 年山东省海洋产业结构（％）[①]

年　份	第一产业	第二产业	第三产业
2006	8.3	48.6	43.1
2007	7.6	48.1	44.3
2008	7.2	49.2	43.6
2009	7	49.7	43.3
2010	6.3	50.2	43.5
2011	6.7	49.4	43.9
2012	7.2	48.6	44.2
2013	7.4	47.4	45.2
2014	7	45.1	47.9

将成分数据由直角坐标系转换到球面坐标系，得到转角数值如表 3-5
所示。

---

① 数据来源：2007—2015 年《中国海洋统计年鉴》。

表 3 - 5　2006—2014 年的转角数值

年　份	θ_2^t	θ_3^t
2006	0.391 883	0.854 619
2007	0.378 347	0.842 522
2008	0.365 37	0.849 574
2009	0.356 668	0.851 591
2010	0.340 462	0.850 583
2011	0.355 603	0.846 551
2012	0.367 422	0.843 529
2013	0.376 291	0.833 472
2014	0.375 295	0.806 404

根据表 3 - 5 数据，通过 Matlab 编程利用灰色系统预测模型进行分析，最终得出相应的模拟结果与预测结果，进一步对预测模型进行检验，令 $\varepsilon(k)$ 为残差，$\varepsilon(k) = x^{(0)}(k) - \overline{x}^{(0)}(k)$，相对误差为 $\Delta_k = \left| \dfrac{\varepsilon(k)}{x^{(0)}(k)} \right|$，则平均模拟相对误差为 $\overline{\Delta} = \dfrac{1}{n} \sum_{k=1}^{n} \left| \dfrac{\varepsilon(k)}{x^{(0)}(k)} \right|$（表 3 - 6）。

表 3 - 6　2006—2014 年的转角数值模拟结果与相对误差

年份	θ_2^t			θ_3^t		
	实际值	模拟值	相对误差	实际值	模拟值	相对误差
2006	0.391 883	0.391 883	0.000 0%	0.854 619	0.854 619	0.000 0%
2007	0.378 347	0.361 000	4.585 1%	0.842 522	0.855 521	1.542 8%
2008	0.365 37	0.361 975	0.929 2%	0.849 574	0.851 194	0.190 6%
2009	0.356 668	0.362 953	1.762 2%	0.851 591	0.846 888	0.552 3%
2010	0.340 462	0.363 933	6.893 9%	0.850 583	0.842 605	0.937 9%
2011	0.355 603	0.364 917	2.619 2%	0.846 551	0.838 343	0.969 6%
2012	0.367 422	0.365 902	0.413 6%	0.843 529	0.834 102	1.117 6%
2013	0.376 291	0.366 891	2.498 0%	0.833 472	0.829 883	0.430 6%
2014	0.375 295	0.367 882	1.975 3%	0.806 404	0.825 685	2.391 0%

模拟结果的平均相对误差分布为：$\overline{\Delta}_{\theta_2} = 2.408\ 5\%$；$\overline{\Delta}_{\theta_3} = 0.903\ 6\%$，精度较高。在模拟序列基础上进一步对"十三五"期间的山东省海洋产业结构进行预测，最终得到的结果如表 3 - 7 所示：

表 3 - 7   2016—2020 年山东省海洋产业结构预测

年　　份	第一产业	第二产业	第三产业
2016	6.970	46.638	46.392
2017	6.951	46.242	46.807
2018	6.933	45.848	47.219
2019	6.914	45.455	47.631
2020	6.896	45.065	48.039

受统计数据的限制，模型预测的准确性受到一定的影响，但从模拟结果的误差来看，预测结果基本可以反映出山东省海洋产业结构变动的总体趋势。从预测的结果来看，在现有的海洋产业发展水平下，山东省海洋产业结构在"十三五"期间总体上呈现出海洋第一产业和海洋第二产业所占比重持续缓慢下降、海洋第三产业所占比重缓慢增长的态势，变化幅度不够显著，虽然 2014 年第三产业所占比重已经超过第二产业，但是从 2017 年开始，山东省海洋产业结构才真正出现了根本性的改变，即海洋第三产业比重超过第二产业，且其主体地位固化下来，不再可逆。

3.3.2　山东省海洋产业结构合理化水平预测

对山东省海洋产业结构合理化水平的预测，首先是要根据长期以来山东省海洋经济的相关数据，对"十三五"期间山东省海洋经济的发展水平进行预测，在此基础上结合有关学者对产业结构标准模式的研究结果和目前世界经济发展中产业结构的总体水平，提出山东省"十三五"期间契合海洋经济发展且结构较为合理的海洋产业结构。

3.3.2.1　组合预测模型的构建

对于经济规模等时间序列的预测始终是数量经济学研究的重要领域，随着技术方法的不断进步，对于时间序列的预测方法得到了很大的发展，多种预测方法在实践中得到了很好的应用。在具体的预测实践中，通常对于同一预测问题有很多种预测方法可以使用，由于建模机制和考虑问题的出发点不同，不同的预测方法根据相同的信息，往往能提供不同的结果，在综合考虑下通常很难选出最优的方法，而如果把这些不同的预测方法通过适当的方式进行有机融合，从而可以最大限度地利用各种预测样本信息，比单项预测模型考虑问题更系统、更全面，有效地减少单个预测模型受随机因素的影响，极大地提高预测的精度和稳定性（王淑花，2011）。

这种通过建立一个组合预测模型，把多种预测方法所得到的预测结果进行综合的思想就是组合预测的方法，组合预测模型最大的优势就是综合利用各种单一预测方法提供的信息，提高模型预测的精度，预测效果往往优于单一的预测方法。

（1）加权平均组合预测模型 组合预测是一种比较新的预测方法，在近几十年中，随着各种单一预测模型的改进，组合预测模型的理论和方法也在逐步改进和完善之中，现在已成为建模预测理论中的一种重要方法。1969 年，Bates 和 Granger 对组合预测方法进行了比较系统的研究，首次提出组合预测概念下建议的组合预测方法，通常称为最小方差法，即在均方预测误差指标下的加权平均组合预测（B‐G 模型）（王莎莎，2009）。

加权平均组合预测模型的基本思想是：假设对于同一预测问题，有 k（$k \geqslant 2$）种预测方法，记第 t 期实际观测值、第 i 种方法的预测值和预测误差分别为 y_t，f_{it}，e_{it}（$e_{it} = y_t - f_{it}$，$t = 1, 2, \cdots, n$；$i = 1, 2, \cdots, k$），第 i 种预测方法在组合预测中的权重（或组合加权系数）为 w_i（$i = 1, 2, \cdots, k$，$\sum\limits_{i=1}^{k} w_i = 1$），第 t 期组合预测方法的预测值和预测误差分别为 f_{ct}，e_{ct}，则 $f_{ct} = \sum\limits_{i=1}^{k} w_i f_{it}$，$e_{ct} = \sum\limits_{i=1}^{k} w_i e_{it} = y_t - f_{ct}$，加权平均组合预测一般可以表示为如下的数学规划问题：

$$\max \ (\min) \ \varphi = \varphi(w_i)$$

$$\text{s. t.} \begin{cases} \sum\limits_{i=1}^{k} w_i = 1 \\ w_i \geqslant 0, \ i = 1, 2, \cdots, k \end{cases}$$

在目标函数的设定中，除了最小方差法之外，还包括最小绝对预测误差和、最大预测误差绝对值达到最小等方法，其中最小方差法是使用较为普遍、预测精度较高的方法。在本书的研究中，目标函数设定的选择就是最小方差法，则线性规划问题就可以表示为：

$$\min e_c^2 = \sum_{t=1}^{n} e_{ct}^2 = \sum_{t=1}^{n} \left(\sum_{i=1}^{k} w_i e_{it} \right)^2$$

$$\text{s. t.} \begin{cases} \sum\limits_{i=1}^{k} w_i = 1 \\ w_i \geqslant 0, \ i = 1, 2, \cdots, k \end{cases} \qquad (3-5)$$

根据各种单项预测方法的误差，通过求解线性规划就可以计算出最有效的权重向量，再乘以单项预测值，最终就可以得到组合预测的结果了。

（2）单项预测方法的选择　为保证组合预测模型的构造可以尽可能多地保留时间序列的信息，研究中选择了 ARIMA 模型、BP 神经网络预测模型和 GM（1，1）灰色系统预测模型三种较为成熟、预测效果较好且建模机制完全不同的单项预测方法进行预测。

① ARIMA 模型。ARIMA 模型是对于能够通过 d 次差分将非平稳序列转化为平稳序列的时间序列 y_t，即 y_t 为 d 阶单整序列，$y_t \sim I(d)$，对其 d 阶差分后的序列 w_t（$w_t \sim I(0)$，$w_t = \Delta^d y_t$），建立 p 阶自回归和 q 阶移动平均的 ARMA（p，q）模型：

$$w_t = c + \varphi_1 w_{t-1} + \cdots + \varphi_p w_{t-p} + \varepsilon_t + \theta_1 \varepsilon_{t-1} + \cdots + \theta_q \varepsilon_{t-q}, \quad t = 1, 2, \cdots, T$$

式中：参数 c 为常数，φ_p 与 θ_q 为 ARMA 模型系数，ε_t 是均值为 0、方差为 σ^2 的白噪声序列。时间序列 y_t 通过 d 次差分构建的 ARMA（p，q）模型就被称为 ARIMA（p，d，q）模型。

② BP 神经网络模型。人工神经网络（Artificial Neural Network，ANN）是在人类对其大脑神经网络认识理解的基础上人工构造的能够实现某种功能的神经网络。它是理论化的人脑神经网络的数学模型，是基于模仿大脑神经网络结构和功能而建立的一种信息处理系统，是由大量简单的元件相互连接而形成的复杂网络，是具有高度的非线性、能够进行复杂的逻辑操作和非线性关系实现的系统（张德丰，2011）。

BP 神经网络模型是在人工神经网络的发展过程中，通过对多层网络连接权值修正方法的研究，形成了一种误差逆传播算法（Error Back Propagation Training）这是一种新的多层前馈神经网络（Multi‐layer Feed‐forward Network）的训练方法，把采用这种算法进行误差修正的网络称为 BP 神经网络。

BP 神经网络算法的学习由两个过程组成，一个是信号的正向传播，另一个是误差的反向传播。在正向传播过程中，把样本数据传入输入层，经过中间各隐含层处理后，再从输出层传出。如果从输出层的输出与期望的输出不一致，则进入误差的方向传播过程。误差的反向传播是将从输出层输出的误差以某种形式传入隐含层，最后逐层传向输入层，在传播过程中把误差逐层分摊给所有单元，再把从各层单元获得的误差信号作为修正各单元权值的依据，周而复始地进行这两个过程和各层权值的调整过程，直到神经网络的输出误差减少到设定的值或达到预先设定的学习次数时结束，BP 神经元网络的学习过程就是权值不断调整的过程，其神经元模型的基本结构如图 3‐6 所示，它具有 R 个输入，每个输入都通过一个适当的权值 w 和下层相连，网络输出可表示为：

$a=f(wp+b)$，f 就是表示输入/输出关系的传递函数，在 BP 网络中隐含层神经元的传递函数通常使用 log‑sigmoid 型函数 logsig、tan‑sigmoid 型函数 tansig 以及纯线性函数 purelin。

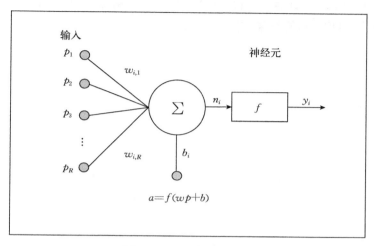

图 3‑6　BP 神经元模型

③ 灰色系统预测模型 GM（1，1）。灰色理论建模（Grey Modeling）允许少数据建模，即使只有 4 个数据，也可以建立一个常用的 GM（1，1）模型。建立灰色模型的基本原理有灰因白果律、差异信息原理以及平射原理，灰色预测模型是在有限时间序列的基础上，建立具有部分差分、部分微分性质的模型。灰色模型的建模思想是：从时间序列的角度分析一般的微分方程，并对大致上满足这个微分方程的时间序列建立信息不完全的微分方程模型。具体建模过程已在 3.3.1 部分列出。

3.3.2.2　山东省海洋经济发展水平预测

根据上述研究思路，本书将通过 ARIMA 模型、BP 神经网络预测模型和灰色 GM（1，1）预测模型分别对山东省海洋经济发展水平进行预测，并在此基础上借助组合预测的方法对各单项模型的预测结果进行加权组合，得到最终的预测结果。

（1）数据的选择与处理　通常海洋 GDP 是反映区域海洋经济发展最重要的指标，但目前学术界对于产业结构标准模式的研究结果均是以人均 GDP 为经济发展水平参考标准，因此本研究是通过对 1995—2014 年山东省人均海洋 GDP 的分析来预测山东省海洋经济发展水平的未来趋势。

本研究选择作为对照的产业结构标准模式赛尔奎因和钱纳里模式中，其人均 GDP 是以 1980 年的美元价格计算的，因此，1995—2014 年山东省人均海洋 GDP 的时间序列首先要根据山东省 GDP 价格指数，计算 1980 年可比价格下的 1995—2014 年山东省人均海洋 GDP，并参照统计部门公布的 1980 年人民币对美元的汇率，计算得到以 1980 年的美元价格计算的 1995—2014 年山东省人均海洋 GDP，最终结果如图 3-7 所示。

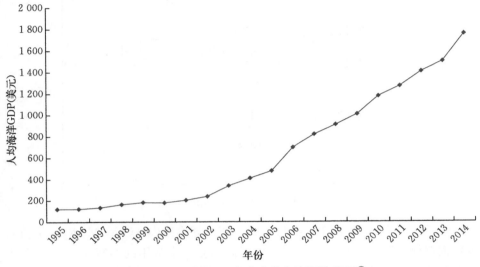

图 3-7 1995—2014 年山东省人均海洋 GDP[①]

（2）单项模型预测结果

① ARIMA 模型预测。研究使用 Eviews7.0 软件构建山东省人均海洋 GDP 的 ARIMA 模型，首先是要对 1995—2014 年山东省人均海洋 GDP 时间序列的平稳性进行检验，通过对变量进行单位根检验，Eviews7.0 计算结果如图 3-8 所示。单位根检验结果显示原序列为非平稳序列，而在一阶差分下为平稳序列，山东省人均海洋 GDP 序列为 $I(1)$ 序列，对一阶差分后的序列可以进一步构建 ARMA 模型。

在明确变量序列为 1 阶单整序列后，需要进一步明确 ARMA 模型的自回归阶数 p 和移动平均阶数 q，使用的方法是对变量的一阶差分序列计算其自相关系数和偏自相关系数，根据计算结果，可以确定模型的阶数 $p=1$，$q=1$，从而可以确定建立 ARIMA(1，1，1) 模型。对模型的估计结果如图 3-9 所示：

---

① 根据 1996—2015 年《中国海洋统计年鉴》《中国统计年鉴》《山东省统计年鉴》计算。

Null Hypothesis：D(GDP) has a unit root
Exogenous：Constant, Linear Trend
Lag Length：0 (Automatic-based on SIC，maxlag＝4)

		t-Statistic	Prob.*
Augmented Dickey-Fuller test statistic		−4.079 479	0.024 8
Test critical values：	1% level	−4.571 559	
	5% level	−3.690 814	
	10% level	−3.286 909	

*MacKinnon (1996) one-sided p-values.

图 3-8　山东省人均海洋 GDP 序列单位根检验①

Dependent Variable：D(GDP)
Method：Least Squares
Date：02/13/17　Time：17:20
Sample (adjusted)：1997 2014
Included observations：18 after adjustments
Convergence achieved after 35 iterations
MA Backcast：1996

Variable	Coefficient	Std. Error	t-Statistic	Prob.
C	227.189 6	201.826 1	1.125 670	0.278 0
AR(1)	0.930 070	0.101 694	9.145 783	0.000 0
MA(1)	−0.895 481	0.108 928	−8.220 876	0.000 0

R-squared	0.536 324	Mean dependent var	90.574 53
Adjusted R-squared	0.474 501	S.D. dependent var	70.445 84
S.E. of regression	51.067 12	Akaike info criterion	10.855 17
Sum squared resid	39 117.75	Schwarz criterion	11.003 57
Log likelihood	−94.696 53	Hannan-Quinn criter.	10.875 63
F-statistic	8.675 102	Durbin-Watson stat	2.047 917
Prob(F-statistic)	0.003 138		

Inverted AR Roots	0.93
Inverted MA Roots	0.90

图 3-9　ARIMA 模型估计结果②

---

① 由 Eviews7.0 软件计算生成。
② 由 Eviews7.0 软件计算生成。

由图 3-9 可知，模型估计参数均通过显著性检验，结果中特征根分别为 1/0.93 和 1/0.90，均大于 1，满足平稳性要求，进一步进行 Q 统计量的检验，如图 3-10 所示：

Bate:02/14/17 Time：11:05

Sample：1997 2014

Included observations：18

Q-statistic probabilities adjusted for 2 ARMA term(s)

Auto correlation Partial Correlation		AC	PAC	Q-Stat	Prob
	1	−0.184	−0.184	0.718 2	
	2	−0.119	−0.158	1.035 3	
	3	−0.128	−0.193	1.427 6	0.232
	4	0.207	0.128	2.525 0	0.283
	5	−0.270	−0.272	4.540 6	0.209
	6	−0.233	−0.370	6.163 2	0.187
	7	−0.108	−0.389	6.547 0	0.257
	8	0.383	0.043	11.834	0.066
	9	0.034	0.085	11.881	0.105
	10	−0.079	−0.065	12.165	0.144
	11	0.143	0.107	13.212	0.153
	12	−0.006	−0.255	13.214	0.212

图 3-10　模型的 Q 统计量检验

图 3-10 显示，右侧一列概率值都大于 0.05，说明所有 Q 值都小于检验水平为 0.05 的 χ^2 分布临界值，因此表明模型的随机误差项是一个白噪声序列。检验结果表明由山东省人均海洋 GDP 构建的 ARIMA(1，1，1) 模型质量较好。最终根据该模型得到了对山东省人均海洋 GDP 的预测结果，通过与原始数据对照，可以发现模型预测效果较好（表 3-8、图 3-11）。

表 3-8　ARIMA(1，1，1) 模型预测结果

年　份	原始数据（美元）	预测数据（美元）	相对误差
2008	907.89	946.336 5	4.23%
2009	1 006.109	1 040.925	3.46%
2010	1 175.012	1 144.524	2.59%
2011	1 268.858	1 320.689	4.08%
2012	1 404.561	1 418.443	0.99%
2013	1 498.471	1 559.092	4.05%
2014	1 752.257	1 655.987	5.49%

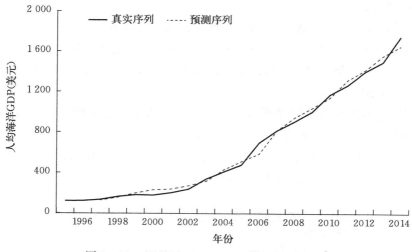

图 3 - 11　ARIMA（1，1，1）模型预测结果①

　　② BP 神经网络预测模型。山东省海洋人均 GDP 数据是一维的时间序列，而 BP 神经网络需要用多维数据输入来训练网络，且数据输入的范围一般要求在 [0，1] 之间，所以要对样本数据 $x(t)$ 进行预处理，令 $y(t)=x(t)/10^n$，$n=4$，为原变量序列中最大值的整数位数。

　　BP 神经网络输入层节点数主要由人为确定，输入层的节点数过多或过少，都不利于网络的学习，研究经过了反复的试验，把输入层的节点数确定为 5 个，输出层的节点数为 1 个，由于输出向量的元素均为 [0，1] 之间，因此输出层神经元的传递函数可选用 S 型对数函数 logsig。

　　隐含层数目的增加可以提高 BP 神经网络的非线性映射能力，但是隐含层数目超过一定值，网络性能反而会降低，而单隐含层的 BP 神经网络可以逼近一个任意的连续非线性函数，因此研究中采用的是单隐含层的 BP 网络。隐含层的神经元个数直接影响着网络的非线性预测性能，节点数过多会出现所谓的"过渡吻合"的问题，若节点数过少，就会使网络获取信息的能力变差，所以隐含层节点数往往需要经验和多次试验来确定。确定隐含层节点数常用的一个方法是试凑法，先设置较少的节点数对网络进行训练，再逐渐增加节点数，确定网络误差最小时的隐含层节点数，最终设定网络的隐含

---

　　① 由 Eviews7.0 软件计算生成。

层神经元个数为 3，按照一般的设计原则，隐含层神经元的传递函数为 S 型正切函数 tansig。

网络结构确定后，需要利用样本数据通过一定的学习规则进行训练，提高网络的适应能力。学习速率是训练过程的重要因子，它决定每一次循环中的权值变化量，在一般情况下，倾向于选择较小的学习速率保证学习的稳定性，研究中取学习速率为 0.000 1。

把经过预处理的数据序列 $y(t)$ 根据网络结构划分为训练样本和检验样本，网络的输入样本集为 $y = [y(t-5)，y(t-4)，y(t-3)，y(t-2)，y(t-1)]$，输出样本集为 $z = [y(t)]$。通过使用 MATLAB 编程，得到模型训练过程与结果如图 3-12、图 3-13 所示。

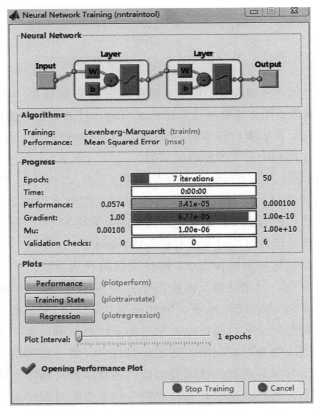

图 3-12　BP 神经网络预测模型训练过程[①]

---

①　根据 MATLAB 软件编程生成。

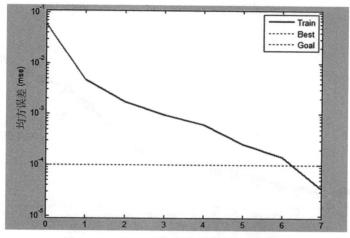

图 3-13   BP 神经网络预测模型训练结果①

最终根据 BP 神经网络预测模型得到了山东省海洋人均 GDP 的预测结果，如表 3-9 和图 3-14 所示。

表 3-9   BP 神经网络预测模型海洋人均 GDP 预测结果

年　份	原始数据 （美元）	预测数据 （美元）	相对误差 （％）
2008	907.890 0	944.980 3	0.26
2009	1 006.109	1 091.415 2	2.04
2010	1 175.012	1 171.967 7	3.43
2011	1 268.858	1 242.982 4	3.03
2012	1 404.561	1 356.453 2	1.00
2013	1 498.471	1 543.902 2	4.09
2014	1 752.257	1 734.762 3	8.48

③ 灰色 GM（1，1）预测模型。灰色 GM（1，1）预测模型的预测过程与 3.3.1 节内容一致，最终预测的结果如表 3-10 和图 3-15 所示。

---

① 根据 MATLAB 软件编程生成。

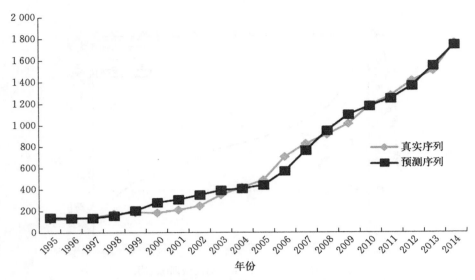

图 3-14　BP 神经网络预测模型海洋人均 GDP 预测结果

表 3-10　灰色 GM(1，1) 预测模型海洋人均 GDP 预测结果

年　　份	原始数据 （美元）	预测数据 （美元）	相对误差 （%）
2008	907.890 0	917.681 1	1.08
2009	1 006.109	1 055.594	4.92
2010	1 175.012	1 214.234	3.34
2011	1 268.858	1 396.714	10.08
2012	1 404.561	1 606.619	14.39
2013	1 498.471	1 848.068	23.33
2014	1 752.257	2 125.804	21.32

（3）组合预测模型预测结果　在 3 个单项模型预测结果的基础上，为了有效地利用各种单一预测模型的优点，根据最小方差法构建组合预测模型，由这 3 种单一模型的预测结果计算出各个模型的误差平方和，计算出各单项模型 ARIMA 模型、灰色 GM(1，1) 预测模型和 BP 神经网络预测模型在组合预测模型中的权值分别为 0.358 151、0.037 436、0.604 413。

根据 $f_{ct} = \sum_{i=1}^{k} w_i f_{it}$ 最终可以得到组合预测模型对山东省海洋人均 GDP 的预测结果为：

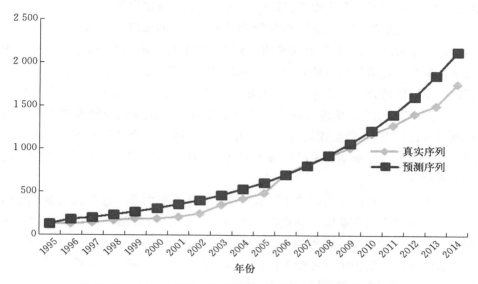

图 3-15　灰色 GM(1，1) 预测模型海洋人均 GDP 预测结果

表 3-11　组合预测模型海洋人均 GDP 预测结果

年　份	原始数据（美元）	预测数据（美元）	相对误差（%）
2008	907.89	944.444 1	4.03
2009	1 006.109	1 071.991	6.55
2010	1 175.012	1 163.721	0.96
2011	1 268.858	1 276.568	0.61
2012	1 404.561	1 388.020	1.18
2013	1 498.471	1 560.729	4.15
2014	1 752.257	1 721.188	1.77

　　通过表 3-11 可以发现，组合模型的预测效果比各单项模型的预测效果有了进一步的提高，在此基础上进一步可以预测出"十三五"期间山东省海洋人均 GDP 的规模如表 3-12 所示。

表 3-12　"十三五"期间山东省海洋人均 GDP 预测结果（美元）

年份	2016	2017	2018	2019	2020
预测结果	2 027.58	2 109.50	2 192.97	2 279.26	2 369.74

3.3.2.3 "十三五"期间山东省海洋产业结构的合理化水平

通过对山东省"十三五"期间海洋人均 GDP 的预测，发现到"十三五"期末，山东省海洋人均 GDP 规模将达到 2 400 美元（按 1980 年可比价格）的水平，参照产业结构标准的赛尔奎因和钱纳里模式，人均 GDP 达到 2 400 美元时产业结构的合理化水平应在 21.8：29.0：49.2 与 18.6：31.4：50 之间；"十三五"期间山东省海洋经济发展将达到中等收入国家的经济发展水平，而根据世界银行 WDI 数据库统计，全球中等收入国家的产业结构水平为 9.7：34.7：55.6，该产业结构水平体现了中等收入国家经济发展水平下，产业结构的普遍状况。

综上分析，研究认为到"十三五"期间，山东省海洋产业结构的合理化构成应该为海洋第二产业所占比重降低到 35％左右，海洋第三产业所占比重达到 55％左右。这与预测的结果存在着较大的差距，因此，在现有发展水平下，山东省海洋产业结构很有可能无法达到合理化的水平区间，这就需要对山东省海洋产业结构调整进行积极有效的引导与推动。

3.4 小结

在明确了海洋产业结构优化升级的基本内涵与相关理论的基础上，本研究对山东省海洋产业结构的现状进行了评价，并对"十三五"期间山东省海洋产业结构的变动趋势和合理化水平进行了预测。

（1）山东省海洋产业结构现状的主要特点

① 山东省三次海洋产业结构主要表现为第二产业＞第三产业＞第一产业的基本特征，且海洋产业结构较为稳定，2006—2014 年间，虽然 2014 年出现根本性变化，即海洋第三产业比重略微超过海洋第一产业，但海洋产业结构的变动幅度仍然相对较小。

② 在海洋产业结构合理化方面，2006—2014 年间，山东省海洋产业结构表现出了一定的与海洋产业发展的相适应性，对海洋产业的发展增长起到了促进推动的作用，但总体效果较为微弱，海洋产业结构的合理化水平并不突出。

③ 在海洋产业结构高度化方面，由于近年来山东省海洋产业结构变动程度不明显，海洋产业结构的升级演进较为滞后，2014 年山东省海洋产业结构的高度化水平，与先进的沿海地区相比存在一定的差距，产业结构的高度化有待进一步的提高。

④ 从海洋产业结构发展水平的综合表现来看，全国范围内，山东省海洋

产业结构综合水平的优势并不显著，与先进地区相比存在差距，受海洋产业结构优化升级情况的制约，山东省海洋产业结构对推动海洋产业发展的作用较为有限，产业结构优化升级的滞后已成为影响山东省海洋经济发展的重要因素。

（2）山东省海洋产业结构预测　通过成分数据模型和灰色系统预测方法，对"十三五"期间山东省海洋产业结构的变动趋势进行预测，研究显示，在现有的海洋产业发展方式下，山东省海洋产业结构在"十三五"期间将发生根本性变化，未来5年山东省海洋产业结构将在2017年后保持第三产业＞第二产业＞第一产业的特征，变化趋势上呈现出海洋第一产业所占比重进一步下降、海洋第三产业所占比重进一步扩大、海洋第二产业所占比重缓慢下降的态势。

通过使用组合预测模型和 ARIMA、BP 神经网络、灰色系统预测 3 种方法，对"十三五"期间山东省海洋产业结构合理化水平进行预测，研究表明，在现有的海洋经济发展水平下，到"十三五"期间，山东省海洋产业结构的合理化构成应该为海洋第二产业所占比重降低到 35％左右，海洋第三产业所占比重达到 55％左右。

通过对两种预测结果进行对比，可以发现目前山东省海洋产业结构的变动趋势与今后产业结构的合理化构成的差距虽然不断缩小，但仍然存在着较大的差距，按照现有的海洋产业发展水平，"十三五"期间山东省海洋产业结构很有可能无法达到较为合理的水平区间，因此需要对山东省海洋产业结构调整进行积极有效的引导与推动。

4 山东省海洋科技创新资源条件分析

　　山东省海洋科技资源优势明显，研发实力长期居于全国领先地位。山东省聚集了众多国家级海洋科研机构，云集了我国最高水平的海洋科技人才队伍，承担了众多国家级海洋科技项目，催生出一系列优秀海洋科技成果，初步构建起从原始创新、技术创新到协同创新的海洋科技创新体系，为改善海洋生态环境、促进海洋产业优化升级提供了有力的科技支撑。

　　本章主要从新的视角认知山东省海洋科技经济"两张皮"问题，重新审视山东省海洋科技资源的优势所在，以新的理念和视角来认知分析山东省海洋科技资源优势，本研究认为山东省最大的海洋科技资源优势在科学优势，其次是技术研发优势，再次是创新或者成果转化和产业化优势。传统的科技资源一般划分为人、财、物，基本能把所有科技资源涵盖过来。但是从科技经济融合的角度分析，尤其是本课题从科技资源优势推动产业结构优化升级角度出发，划分科技资源尤其是科技资源优势，传统的分析结构难以阐释清楚山东省的海洋科技资源优势所在。因此，本研究从科技融入经济的程度，在尊重科技发展客观规律基础上，我们将山东省海洋科技资源优势分为三个层面：科学研究优势、技术研发优势和产业化优势，分别对应着基础研究、技术开发、成果转化。

4.1　海洋科学研究资源优势

　　山东省海洋科技资源的最大优势是科学优势。山东省国家级海洋科研机构众多，形成了庞大的国内无出其右的科研资源优势，汇集了大量科学研究人才，诸多基础研究领域处于国际前沿。

　　海洋科学研究尤其是基础科学研究是海洋科技创新的基础，是推动海洋科技创新的源头力量。山东省立足雄厚的海洋科技研究力量，通过引领开展海岸带资源调查、实施"973"等国家基础研究科技计划项目，显著提升了海洋科技原始创新能力和解决重大海洋科学问题的能力，有效解决了一批海洋经济与海岸带社会发展中的重大科学问题，从源头上巩固了海洋科技的引领与支撑作用，代表了我国海洋科学基础研究的最高水平，多个基础研究领域达到或接近国际领先水平（谭映宇，2010）。

4.1.1　海洋科学基础研究力量

山东省海洋科研机构和人才队伍代表了我国海洋科研的最高水平，引领我国海洋科学研究。中国科学院海洋研究所、中国海洋大学、中国水产科学研究院黄海水产研究所、自然资源部第一海洋研究所、自然资源部中国地质调查局青岛海洋地质研究所、中国科学院烟台海岸带研究所、青岛海洋科学与技术试点国家实验室等一批"国字号"研究机构云集山东省。据不完全统计，目前全省共拥有国家驻鲁和省属涉海科研、教学事业单位近 60 家，直接从事海洋科研人员 1 万多名，中国科学院院士 7 名（不含外聘）（附录 1），长江学者 12 名，泰山学者 20 名，其中大部分属于基础科学研究和公益研究领域；高级科技人才占全国同类人员一半以上。拥有省部级海洋重点实验室 32 家，海洋科学观测台站 9 处，各类海洋科学考察船近 20 艘，其中千吨以上远洋科学考察船 7 艘。"十二五"期间，山东省瞄准国家目标，致力于综合性海洋科学基础研究，在海洋生物资源开发利用、中国近海环境演变机理与生态灾害发生的预测和防控、海洋环境变异及其对气候环境的影响等领域取得一系列突破，在我国海洋科技领域发挥了不可替代的引领作用。

4.1.2　基础科技计划项目

山东省承担的海洋领域"973"计划项目及国家自然科学基金项目总数处于国内领先地位。"973"计划和国家自然科学基金是我国基础研究领域的两大代表性科技计划，其立项情况可以直观反映基础研究水平。根据科技部公布的数据统计，截至 2014 年，山东省共承担"973"计划海洋领域项目 29 项（包括重大科学研究计划），项目数量占全国总数的一半以上，研究内容涉及海洋生物资源开发利用、海洋生态灾害、海洋与全球气候变化、海洋矿产资源开发、深海科学研究等一系列综合性海洋科学基础研究（附录 2）；"十一五"至今，山东省承担自然科学基金项目超过 1 000 项，总经费近 5 亿元。"973"计划和国家自然科学基金项目的立项情况，充分表明了山东省在全国海洋科学基础研究领域的领先地位，有力体现了山东省海洋科技的原始创新能力和解决重大海洋科学问题的能力，有效加快了构建我国海洋学科国际化研究队伍和研究体系的步伐，显著提升了我国在海洋科技领域的国际地位。通过组织实施国家级和省级重大项目，山东初步建立起从原始创新、技术创新到协同创新的海洋科技创新体系，提高了企业海洋科技自主创新能力和解决产业化重大与共性技术问题的能力，催生出一批对海洋产业有重大拉动作用的科研成果。

4.1.3 海岸带资源调查

1958 年 9 月至 1960 年 12 月，中国进行了第一次大规模的全国性海洋综合调查。海洋调查办公室设在山东省，由山东省牵头，调动了多条涉海战线，600 余名科技人员参加调查，通过这次调查，获得了大量资料，初步了解了中国近海海洋水文、化学、生物、地质等要素的基本特征和变化规律，为进一步开展海洋科学研究和开发利用打下了基础，山东省在其中发挥了重要的引领协同作用。

后来国家开展了全国海岸带和海涂资源综合调查、全国海岛资源综合调查等一系列海洋资源本底调查工作，山东省均发挥了领头羊作用。

4.2 海洋技术研发优势

山东省海洋技术研发优势全国领先。山东省海洋技术研发资源主要包括海洋技术人才、科技创新机构和平台、海洋应用技术成果，主要分布在海洋化工、海洋药物、海洋装备、海洋渔业、海洋交通物流、海洋工程、海洋能源矿产等学科或领域。

4.2.1 高端研发人才

山东省凝聚了堪称"国家队"的海洋技术人才队伍，仅中国工程院院士就有 14 位（附录 1），从海洋人才分布及发展趋势上看，海洋人才主要集中于高校、科研院所，从领域来看呈现出基础研究人才多、应用研发人才少的格局。但随着产业发展需求的变化，以及蓝色经济区等重大战略规划的实施，面向产业发展的应用型人才越来越多，海洋科技领军人才、海洋科技创新人才、海洋科技高层次管理人才以及高级海洋技工人才呈逐年递增趋势。

山东省把创新团队建设作为人才工作的一个重点，把培养和造就优秀创新团队作为提升自主创新能力、促进全省经济社会又好又快发展的重大措施，出台了《关于推进创新团队建设的意见》。同时，山东省还加大对创新团队建设的投入，建立起持久稳定的经费支持体系。2013 年 2 月，山东省正式出台《泰山学者蓝色产业领军人才团队支撑计划》，面向海内外招揽蓝色产业人才，旨在引进一批带项目、带成果的领军人才团队到山东省创新创业，加快集聚海洋创新要素，推动海洋产业转型升级，促进海洋产业形成新优势，更好地为山东省蓝色经济发展提供智力支撑。

山东省已涌现出一批研究方向明确、领军人物突出、人才梯队合理、科研平台层次高、具有高度竞争力的创新团队。目前，山东省拥有各类海洋创新团队30个，其中山东省优秀创新团队10个，科技部重点领域创新团队1个，国家自然科学基金委创新研究群体3个，教育部"长江学者和创新团体发展计划"创新团队8个，中国科学院创新团队1个，中国科学院科技创新"交叉与合作团队"3个，农业科研杰出人才及其创新团队4个。

4.2.2 海洋技术研发机构与平台

科技支撑经济社会发展是科研机构的重要任务。中国科学院海洋所、中国水产科学研究院黄海水产研究所、自然资源部第一海洋研究所等"国字号"领衔的科研机构在做好科学研究的同时，针对海洋经济发展需求，不断强化技术研发，为支撑海洋产业升级技术工艺、突破技术瓶颈、提升产品质量做好科技支撑。

除了科研机构，海洋产业的高效高质发展依托于行业技术开发平台建设。据不完全统计，目前山东省已建有国家海洋药物工程技术研究中心、国家海藻工程技术研究中心、国家海洋监测设备工程技术研究中心、国家海产贝类（北方）工程技术研究中心、国家海洋腐蚀防护工程技术研究中心和国家采油装备工程技术研究中心6家国家工程技术研究中心，数量居全国之首，在海洋药物研发、海藻资源开发利用、海洋仪器仪表装备研发、海洋防腐蚀技术等领域取得了重大突破。建有40个省级工程技术研究中心，1个中国科学院研究中心，5个教育部工程研究中心，1个国家海洋技术中心，技术研发领域涉及现代海水养殖、海洋药物与生物制品、海洋精细化工、船舶制造、海洋工程及装备等（工程技术研究中心见附录3）。

4.2.3 海洋技术研发成果

国家级和省级重大项目的实施，提高了山东海洋科技自主创新能力和解决产业化重大共性技术问题的能力，催生了一批对海洋产业有重大拉动作用的科研成果。

据不完全统计，"十一五"期间山东省海洋领域共有300项成果（个人）获省部级（包括青岛市）及以上奖励，其中获国家级奖励23项，获省部级奖励277项（附录4）；"十二五"期间，山东省海洋科技成果（个人）获国家级科技奖励13项，获省部级科技奖励330项。

其中，以2013年为例，全省有103项海洋科技成果获得市级以上奖励。

其中 25 项海洋科技成果获 2013 年度山东省科技奖励，包括自然科学奖三等奖3 项，技术发明奖三等奖 1 项，科技进步奖一等奖 3 项、二等奖 8 项、三等奖10 项。13 项海洋科技成果获 2013 年度青岛市科技奖励，包括青岛市科学技术最高奖 1 项，自然科学奖二等奖 2 项、三等奖 2 项，技术发明奖一等奖 2 项、二等奖 2 项，科技进步奖一等奖 1 项、二等奖 1 项、三等奖 2 项。市级奖励共39 项，涉及海洋工程、海洋船舶与装备、海洋生物与水产、海水农业、海洋化工等多个海洋领域。

4.3 海洋科技产业化优势

山东省海洋科技产业化优势较为显著。海洋科技产业化主要指在技术研发基础上的技术转移、成果转化、产品开发等有关内容。依托山东省海洋科学基础研究的深厚基础，山东省海洋科技产业化走在全国前列，近年来在产学研合作、技术转移、成果转化方面成效显著。

4.3.1 产学研合作

一是以企业为主体促进产学研合作开展，以领军人才推动产业技术突破。山东省吸引院士及其团队为山东省企业创新服务，尽快提升企业自主创新能力和核心竞争力，山东省 2009 年启动了院士工作站建设工作。据不完全统计，目前山东省海洋领域共建有 39 家涉海院士工作站（附录 5），其中综合院士工作站 4 家，企业院士工作站 35 家；进站院士 25 名，其中中国科学院院士 3名、中国工程院院士 22 名，住鲁院士 13 名、省外院士 12 名。

二是推动产业技术协同创新，加快行业合力发展。山东省加快建立以企业为主体、市场为导向、产学研相结合的技术创新体系，大力推动构建产业技术创新战略联盟。据不完全统计，目前全省海洋领域共建有产业技术创新战略联盟 20 家（附录 6），其中国家试点联盟 3 家、省级示范联盟 9 家，涉及现代海水养殖、海洋药物与生物制品、海洋精细化工、海洋新能源等领域。

三是不断强化科技成果的转化和示范，提升行业技术创新水平。目前，共建设了 3 个国家级企业技术中心、11 个省级企业技术中心，6 个国家"863"产业化基地，5 个国家级科技兴海示范基地（附录 7）。

此外，山东省海洋领域产业技术创新平台主要集中于现代海水养殖、海洋药物与生物制品、海洋精细化工等优势领域，海洋新材料、海洋新能源、海洋工程及装备等新兴产业领域近几年发展迅速，也占据了一席之地（图 4-1）。

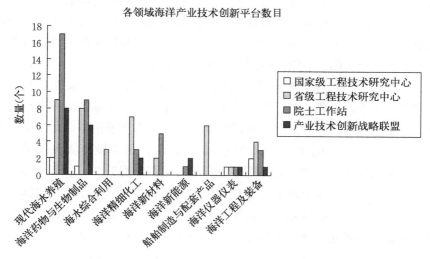

图 4-1　山东省海洋产业技术创新平台领域分布

4.3.2　海洋科技产业化成果

　　山东省海洋技术研发成果显著，促进了海洋高技术产业和海洋新兴产业的快速发展。海水养殖在技术和产业规模上多年处于国内领先地位，引领了我国"鱼、虾、贝、藻、参"5 次海水养殖产业浪潮，海水养殖新品种认定总数达到 39 个（全国水产原种和良种审定委员会认定，截至 2014 年统计），近年海水养殖年产量均超过 600 万吨，海水养殖动物新品种、原（良）种场和设施渔业建设领先全国。海洋生物制药快速发展，研制出一系列农用海洋生物制剂、功能保健品、新型酶制剂等高技术含量的海洋生物制品，藻酸双酯钠、甘糖酯、海力特、降糖宁、海昆肾喜胶囊等海洋药物，以及壳聚糖止血粉、止血海绵等医药用品。中国海洋大学管华诗院士领衔的"海洋特征寡糖制备技术与应用开发"项目荣获 2009 年度国家技术发明奖一等奖，实现了我国海洋领域同类奖项的突破。海洋石油勘探、开采技术装备快速发展，山东省已成为我国海洋石油装备研发中心和产业基地。海洋装备产业综合实力居全国前列，山东省海洋装备产业总产值在 2010 年就已超过 500 亿元，且造船完工量达 300 万载重吨，交付各类海洋平台 7 座[①]，一批高端海洋工程装备成功建造，部分自主研发装备进入国际市场，初步形成了以青岛船舶与海洋工程集群、烟台海洋装

[①]　数据来源：山东经信网《山东成我国最大海洋钻井平台制造基地》。

备制造集群、东营石油装备制造集群以及威海中小船舶制造集群为代表的产业集群式发展。海水综合利用产业快速发展，技术创新推动了海水淡化、海水直接利用、海水源热泵、生活海水利用、海水灌溉等产业的全面发展，以海水为资源形成了一个新的产业链。海洋精细化工产业全国领先，溴系精细化工产品产量占全国的85％以上，形成了盐化工、溴系列、苦卤化工系列高端产品产业链和产业集群。以碘、胶、醇为代表的海藻化工产业逐渐向海藻多糖、海藻农药、海藻肥料等新品种发展。海洋新能源产业取得重要进展，培育出多种油脂含量在40％～60％的高产能海洋微藻藻株，为我国在微藻能源领域实现产业化技术突破打下了基础。海洋能综合利用水平不断提升，青岛斋堂岛500千瓦海洋能独立电力系统示范工程实现并网试运行，中国海洋大学研制的10千瓦级组合型振荡浮子波能发电装置在青岛斋堂岛海域成功投放，标志着山东省在国内波浪能阵列化开发与工程应用领域率先取得实质性突破。

4.4　海洋科技创新政策环境优势

山东省海洋科技创新政策环境良好。海洋科技创新环境是海洋科技创新和海洋经济增长的保障条件。山东省历年来重视海洋科技的发展，在机制体制建设、创新环境创建、政策法规制定等方面不断改进完善，积极适应海洋产业发展需求，全力为海洋产业发展提供良好的条件保障。

4.4.1　海洋产学研结合机制创新

随着海洋科技创新的不断发展，山东省海洋产学研合作机制日趋完善，逐步向规模化、集群化发展，主要体现在政府搭台，发挥市场主导作用，创造良好的支持环境，打造具有山东省海洋特色的"政产学研金"多主体参与的协同转化模式。

（1）海洋产业聚集区模式　山东省海洋产业分布具有鲜明的区域特色。多年来，山东省部分沿海地区针对海洋聚集度较高的产业和学科，建立了高度集中的海洋产业聚集区或海洋特色园区，形成了海洋产业聚集区或园区模式，如青岛海西湾船舶与海洋工程产业基地、荣成海水养殖和水产品精深加工产业聚集区、潍坊卤水化工产业聚集区等，这些海洋产业聚集区或园区模式，能够高效率地进行资源优化配置，极大地拉动了地方海洋经济的快速发展。

（2）海洋产业技术创新战略联盟模式　海洋产业技术创新战略联盟是相似产业领域的各个主体为了共同的目标实现合作的一种产学研合作模式。近年来，在科技部和省科技厅的大力支持下，山东省已在现代海水养殖、卤水精细化工、海洋防腐蚀等领域成立了 20 个海洋产业技术创新战略联盟，其数量在沿海省市处于领先。通过各产业联盟的建立，实现了强强联合、跨地区联合，初步构建了以市场为导向、以企业为主体、以科研单位为技术支撑的产学研组织模式，为推动全省海洋科技创新体系建设、促进海洋产业转型升级，开拓了更为广阔的空间。

4.4.2 科技创新体制机制

山东省十分注重创新体制机制，通过重大综合平台、人才计划、产业化专项等方式，促进海洋科技资源的有机整合，推动海洋产业发展。

（1）青岛海洋科学与技术试点国家实验室　为深化科技体制改革，促进资源整合，科技部联合山东省政府、青岛市政府及驻青科研院校，建立我国海洋领域第一个国家级实验室——青岛海洋科学与技术试点国家实验室。实验室围绕国家海洋发展战略，以重大科研任务汇聚创新力量，以先进科研条件夯实创新平台，以网络化布局组织协同创新，以优质科研服务提升创新效率，依托青岛、服务全国、面向世界建设国际一流的综合性海洋科学研究中心和开放式协同创新平台，提升我国海洋科学与技术自主创新能力，引领我国海洋科学与技术发展。实验室中支撑海洋创新研究的基础设施、研究平台、人才集聚环境及配套服务已基本形成，具备了研究团队入场开展研究工作的基础条件，于2015 年正式投入使用。

（2）泰山学者蓝色产业领军人才团队支撑计划　为加快集聚海洋创新要素，促进海洋科技成果产业化进程，推动海洋产业转型升级，山东省于 2013年出台了"泰山学者蓝色产业领军人才团队支撑计划"。该计划以企业为主体，围绕海洋产业发展，重点支持海洋渔业、现代海洋化工、海洋运输物流等海洋传统优势产业和海洋生物、海洋装备制造、海洋新能源、海洋新材料、海洋环保等海洋战略性新兴产业。围绕增强自主创新能力以及推动科技成果产业化，引进一批国际一流的领军人才团队，攻克一批重大关键技术，研发一批具有核心竞争力的新产品，支持一批涉海企业做大做强，带动海洋产业形成新优势，为海洋科技强省建设提供有力支撑。目前山东省发改委已出台《泰山学者蓝色产业领军人才团队支撑计划引才目录》，收编引才需求信息 105 条，其中企业创新类 56 条，科技创业类 49 条，涉及海洋生物、海洋装备制造、海洋新能源、海洋新材料、海洋渔业等重点海洋产业。

（3）山东省自主创新成果转化重大专项　为加快自主创新成果转化，培育壮大具有自主知识产权的高新技术企业，2007 年山东省科技厅启动实施了山东省自主创新成果转化重大专项，重点扶持海洋生物、海洋化工、海洋船舶、海洋工程装备及配套产品、海水养殖与水产品加工、海洋药物和海水利用等海洋产业领域的产业化项目。2012 年，在坚持原有省科技发展计划、省自主创新成果转化重大专项海洋技术领域立项扶持的基础上，增加省自主创新专项海洋新兴产业领域项目，重点支持海洋工程装备、船舶制造、海洋新材料和海洋生物技术等领域 13 个产业化项目，为海洋技术的集成和产业发展提供大力扶持，有力地推动了一批科技成果产业化。

（4）国家海洋技术转移中心 为加快海洋科技成果转化、促进海洋技术转移，青岛市着手建设国家海洋技术转移中心，已获科技部批复，这是我国第一个国家级海洋技术转移中心，标志青岛市成为国家海洋科技成果转化、技术转移的核心区。中心建成后将集国家海洋技术交易市场、信息服务平台、共享数据中心、国际转移平台、海洋科技成果转化基金、公共研发服务平台、海洋特色产业化基地等于一体，发挥海洋特色的高科技研发及产业基础的优势，推进国家"海洋强国"和"山东半岛蓝色经济区"战略实施。

4.4.3 配套政策措施

政策支持是海洋科技得以发展的重要保障，2007 年山东省政府出台了《中共山东省委、山东省人民政府关于大力发展海洋经济建设海洋强省的决定》，就进一步深入实施科技兴海战略，提高海洋科技自主创新能力，加快海洋科技成果产业化，推动海洋经济的科学发展做出了全面部署。

（1）海洋联合基金 为实现"建设海洋强国"的战略目标，国家自然科学基金委员会和山东省人民政府于 2012 年签署协议设立"国家自然科学基金委—山东省人民政府海洋科学研究中心联合资助项目"，由山东省政府每年拨款 5 000 万元，国家自然科学基金委员会进行相应的配套，形成一个面向海洋科学战略性基础研究，面对海洋科学中心发展的一个新的基金体系。海洋联合基金通过优化支持海洋学科建设、高水平研究队伍建立、海洋科技发展的长效体制机制，创新平台建设，实现学科交叉联合，从而提升山东省海洋自主创新、基础研究和原始创新能力，推进海洋科学基础研究的发展，以科技创新带动产业升级。2014 年省政府与国家自然科学基金委员会设立的联合基金已经投入 8 000 万元，支持了海洋药物与生物制品等 4 个海洋研究中心项目。

（2）国家科技成果转化引导基金 为促进科技成果转化，2014 年科技部启动实施国家科技成果转化引导基金，通过为企业提供投资、优先发放贷款等方式鼓励第三方介入开展成果转化;科技部建立国家科技成果转化项目库,将有转化前景的项目纳入项目库中备选。目前山东省中国海洋大学、黄海水产研究所、中国科学院海洋研究所等机构均有多项成果入选,为海洋科技成果的转化提供了重要平台。

(3)科技人才推进计划 为实现创新驱动发展,2014年山东省实施科技人才推进计划方案,通过创新创业扶持计划、青年人才培养计划、杰出青年接力计划、拔尖人才支持计划、领军人才助推计划等,根据人才成长需要,综合考虑科技人才的年龄结构、科研水平、创新能力等因素,构建多层次、全方位的科技人才计划体系,集中现有科技资源予以支持。

(4)海洋科技成果转化基金 为加快推动海洋科技成果转化与应用,培养和发展战略性新兴产业,青岛市率先设立海洋科技成果转化基金,成为全国第一个专项用于海洋科技成果转化的基金,基金按照"政府引导、规范管理、市场运作、利益共享"的模式,活跃技术市场交易,引导专业化技术转移机构由传统的咨询中介服务向资本运作转型,引导风险投资基金向由科技成果转化而形成的初创企业投资。

4.5 本章小结

通过分析山东海洋科技资源优势,得出山东省的最大优势在于拥有众多国家级海洋科研教学机构以及大量海洋科技人才,数量位列全国之首,"国家队"称号名副其实。但是,山东省的"国家队"大多是科学研究,主体力量聚焦于基础研究和公益研究,以海洋生物、物理海洋、海洋环境、海洋地质、资源调查等为主;近年来,随着体制改革、产业需求、区域战略实施等,中国科学院海洋所、中国海洋大学、中国水产科学研究院黄海水产研究所、自然资源部第一海洋研究所等"国字号"科研机构开始面向产业发展开展技术研究,山东省海洋生物研究院、山东省科学院海洋仪器仪表研究所等省属科研机构也在技术产业融合发展中崭露头角,由此,山东省的技术研发优势得到一定开发,催生了大量技术研发成果,形成了较为突出的技术研发资源优势;在原始创新、源头创新的基础上,山东省技术转移、成果转化与产业化等科技创新工作也取得了显著成果,形成了一定的科技创新资源优势,但就整个海洋领域的科技创新来说,相对河北、上海、辽宁、广东等省份,山东省在海洋化工、海洋工程装备、海洋交通运输、海洋电力等诸多领域存在结构性落后问题。

山东省海洋科技资源特点,多年来被总结为"五多五少":一是科学调查和基础研究资源多，技术研发和成果转化资源相对少；二是国家级科研机构多，省市属机构相对少；三是科研机构和高等院校多，成果转化及产业化机构相对少；四是传统产业多，新兴产业少；五是青岛市科研资源多，沿海其他6市科研资源少。从传统角度看，山东省海洋科技资源特点不利于产业结构的优化升级；但从另一个角度审视，基础研究、公益研究资源众多，恰恰是山东省海洋科技资源优势所在。

山东省海洋科技资源优势主要体现在海洋基础研究、公益研究等方面，而这种基础和公益研究优势在推动海洋产业发展方面的作用又有待进一步发挥。在产业结构转型升级、生态文明愈加突显的今天，转变对基础研究、公益研究的传统认知，更加注重山东省海洋科学资源优势的间接和潜在效益，更加注重其在资源调查、生态环境改善、工业发展服务、科技服务业推动等方面的作用，从而为海洋旅游业、科技服务业为代表的海洋第三产业发展奠定基础，为海洋传统产业升级、新兴产业培育提供科技支撑与服务。

5 科技创新对山东省海洋产业结构优化升级的作用评价

5.1 山东省海洋科技创新发展现状

近年来，伴随着山东半岛蓝色经济区等区域规划建设的开展，依托丰富的海洋科技资源，山东省海洋科技创新也进入了快速发展阶段。本节主要分析目前山东省海洋科技创新推动产业发展的基本情况。本书所指创新是指经济层面的创新含义，主要强调产业经济发展创新活动，具体是指技术转移、成果转化与产业化、技术工艺与产品升级以及为此提供支撑服务的各类活动。

5.1.1 山东省海洋技术创新发展现状

（1）海洋技术创新投入持续增加　近年来山东省海洋科技创新投入持续增加，在稳定获得国家级海洋技术开发财力投入的同时，省级技术开发投入表现出迅猛增长的态势。"十一五"以来，山东省承担国家海洋领域"863"计划达231项，累计经费超过5.69亿元。2012年起，山东省在坚持原有省科技发展计划、省自主创新成果转化重大专项海洋技术领域立项扶持的基础上，增加省自主创新专项海洋新兴产业领域项目，为海洋技术的集成和产业发展提供大力扶持。

山东省海洋科技人才也不断涌现，大量的研发创新人才投身海洋技术开发领域。目前山东省海洋科技人员1万多名，高级技术人员2 000多名，海洋人才密集程度居全国之首。在保持人才总量的同时，山东省通过一系列人才发展战略，注重改变技术人员缺少的人才结构问题，引进了一批与国际接轨的高水平海洋技术开发人员，海洋科技人才队伍建设得到提升。同时，在海洋技术创新中企业的主体作用日益突出，根据抽样调查，在100家大中型企业中，72％的企业拥有具有博士学位的全职研发人员，91％的企业拥有具有硕士学位的全职研发人员。

企业是创新的主体力量，山东省海洋技术创新环境的不断优化和长足发展离不开企业的努力，根据抽样调查统计，在100家大中型从事海洋技术开发的企业中，90％以上设有专门的研发部门，且非公有制企业占比67％，并表现出上升势头。

（2）海洋技术创新成果丰硕　据不完全统计，2012年山东省海洋科技领域发表各类研究论文2 000余篇，抽样统计表明与海洋技术创新直接相关的约占34％。2011—2013年，山东省海洋科技领域共申请专利1 649项，授权专利1 872项。同时，"十一五"以来，每年申请的专利中，发明专利所占比例逐年上升，实用新型专利所占比例逐渐下降，体现出山东省海洋技术创新的质量在不断提高。

2006—2013年，山东省海洋科技领域共获得市级以上科技成果奖励710项，其中省部级及以上奖励495项；获国家科学技术奖20项，包括国家技术发明奖一等奖1项、二等奖5项，国家科学技术进步奖二等奖14项。中国海洋大学管华诗院士领衔的"海洋特征寡糖制备技术与应用开发"项目荣获国家技术发明奖一等奖，实现了我国海洋领域国家技术发明奖一等奖的突破。

（3）海洋技术应用能力不断增强　山东省海洋技术的产业化水平和产业化效率在全国处于领先地位。"十一五"以来，一大批海洋高技术在山东省实现产业化。在遗传育种、养殖病害防治、健康养殖等高技术的支撑下，海水养殖的五次浪潮都是由山东省兴起，形成造福一方的大产业。海洋焊接等一大批海洋工程装备制造及部分配套产品关键技术在我国船舶制造及石油装备制造产业中得到应用。研发出溴素资源高效提取、溴素资源高值化利用等关键技术，开发出新型含溴阻燃剂、医药中间体等溴系精细化学品，推动海洋精细化工产业实现了新跨越。海水淡化、海水直接利用关键技术实现了产业化利用，建成了青岛碱业2万米^3/日、百发10万米^3/日海水淡化工程等一批规模化的产业项目。一大批海洋高技术产品在山东省走向市场，包括农用海洋生物制剂、功能保健品、新型酶制剂等海洋生物制品，藻酸双酯钠（PSS）、甘糖酯、海力特、降糖宁、海昆肾喜胶囊等海洋药物，壳聚糖止血粉、止血海绵等医药用品，其中由中国海洋大学开发、海尔第三制药厂产业化的我国第一个海洋药物PSS至今已累计创造产值35亿元。

5.1.2　山东省海洋科技成果转化发展现状

山东省通过大量国家级、省级、市级海洋科技项目的实施，提高了企业海洋科技自主创新能力和解决产业化关键共性技术问题的能力，催生了一批对海洋产业有重大拉动作用的科研成果，从而大大提升了山东省海洋科技成果转化能力，为蓝色产业发展提供了强有力的支撑。山东省海洋科技成果转化能力提高主要体现在以下几方面：

（1）海洋科技成果丰富，推动海洋产业快速发展　据不完全统计，2006—2015 年，山东省海洋领域就有 643 项成果（个人）获省部级（包括青岛市）及以上奖励，其中获国家级奖励 36 项，获省部级奖励 607 项。丰富的海洋科技成果，推动了一大批海洋高新技术浮出水面，使得海洋高技术产业和海洋新兴产业快速发展。

在现代海水养殖业领域，培育出了"荣福""东方"系列海带、"黄海"系列中国对虾、"蓬莱红"和"中科红"扇贝等 30 个海水养殖新品种，认定总数占全国的 60％以上。目前主要海水养殖品种发展到 70 多种，年产量超过 400 万吨，约占全国的 1/3，海水养殖技术和产业规模多年处于国内领先地位。

海洋创新药物及生物制品产业快速崛起，研制出一系列农用海洋生物制剂、功能保健品、新型酶制剂等高技术含量海洋生物制品，藻酸双酯钠、甘糖酯、海力特、降糖宁、海昆肾喜胶囊等海洋药物，壳聚糖止血粉、止血海绵等医药用品。

船舶与海洋工程装备制造业发展迅速，海洋石油勘探、开采技术装备快速发展，已在烟台地区形成我国海洋石油装备重要研发中心和产业基地；造（修）船、游艇制造和配套能力显著提高，玻璃钢渔船国内市场占有率达到 90％以上，船舶配套产业主要产品省内本地化装船率达 30％以上。船舶压载水处理装置通过国际船级社的认证。

海水综合利用产业规模不断壮大。技术创新推动了海水淡化、海水直接利用、海水源热泵、生活海水利用、海水灌溉等产业的全面发展，以海水为资源形成了一个新的产业链。建成了青岛碱业 2 万米³/日、百发 10 万米³/日海水淡化工程等一批规模化的产业项目，海水源热泵技术已成功应用于居民小区；山东双轮股份有限公司突破了海水淡化用泵技术，降低了海水淡化成本；开发了新型含溴阻燃剂、医药中间体等溴系精细化学品，溴系精细化工产品产量占到全国的 85％以上；在潍坊地区形成了盐化工、溴系列、苦卤化工系列高端产品产业链和产业集群。

海洋新能源产业崭露头角。近年来，山东培育获得了多种油脂含量在 40％～60％的高产能海洋微藻藻株，开发了微藻大规模培育方法，为我国在微藻能源领域实现产业化技术突破打下了基础。中国科学院青岛生物能源与过程研究所开发了具有自主知识产权的湿藻细胞免干燥直接提油技术，油脂回收率达 90％，大幅度降低了提油能耗。沿海地区海上风电已初具规模，研发了海洋波浪能和海上风能联合发电装置。

海洋新材料产业。开发了新型海洋生物材料、防护材料和工程材料。利用海带制取海藻纤维技术达到中试规模，有望成为第三种纤维来源，产品应用前景广泛。防金属腐蚀和防生物附着的新型功能涂料和工程材料产业向安全环保和军工领域延伸。威海中复西港船艇有限公司依托国家"863"计划项目，开发了防爆特种复合材料，广泛用于军事领域，获得国家武器装备科研生产许可。

（2）企业创新能力不断提升，逐步成为科技成果转化主力军　近年来，山东省加大了对企业自主创新的扶持力度，搭建了一批以企业为主体的科技创新平台，企业的创新水平和科技成果转化能力不断增强。

一是企业承担了大量海洋科技项目。根据我们对山东省科技发展计划海洋项目的统计，1985—2012年，省科技发展计划支持了1 127项海洋领域科技项目，其中企业承担的项目349项（企业作为项目协作单位的未计在内），占到总项目数的近1/3[①]。

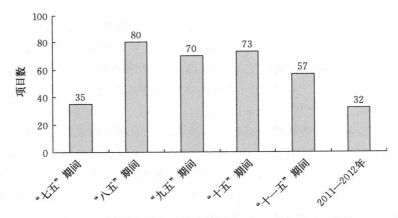

图 5-1　不同时期企业承担省科技发展计划海洋项目数量

按所属行业领域分，企业承担现代海水养殖领域项目180项，占企业总项目数的52％；海洋药物和生物制品领域项目67项，占企业总项目数的19％；海水综合利用领域项目3项，占企业总项目数的1％；海洋精细化工领域项目70项，占企业总项目数的20％；海洋新材料领域项目10项，占企业总项目数的3％；海洋新能源领域项目1项；船舶及配套产品领域项目8项，占企业总项目数的2％；海洋工程及装备领域项目8项，占企业总项目数的2％；海洋

①　备注：山东省科技改革导致科技口径变化，部分科技项目、平台等数据统计到2012年。

环境调查领域项目 2 项，占企业总项目数的 1％。

此外，烟台、威海、潍坊等地企业海洋科技创新能力较强，承担现代海水养殖、海洋药物和生物制品、海洋精细化工领域项目较多。近几年来，海洋工程装备及配套领域项目逐渐增多。烟台企业在现代海水养殖、海洋药物和生物制品、海洋工程及装备等产业领域占有优势；威海企业在现代海水养殖、海洋药物和生物制品、船舶及配套产品等产业领域占有优势；潍坊企业的优势主要集中于海洋精细化工产业领域。

2007 年，山东省设立了自主创新成果转化专项资金，由企业牵头申报，推动科技成果的转化；2012 年山东省又新设立了省自主创新专项资金，在海洋新兴产业领域，重点支持了 13 个产业化项目，13 个项目均由企业承担，有力地推动了一批科技成果转化和产业化。

二是以企业为主体的海洋科技成果转化平台建设进入了快车道。目前，山东省以企业为依托单位共建有 4 家海洋领域国家工程技术研究中心，占省内海洋领域国家工程技术研究中心总数的 2/3。以企业为依托单位建立的省工程技术研究中心共 32 家，占海洋领域省工程技术研究中心总数的 80％。成立了 3 个国家级企业技术中心，1 个企业国家重点实验室。

为了进一步推进成果转化和产学研合作，山东省 2009 年启动了院士工作站建设工作。目前，山东省海洋领域共建有 39 家院士工作站，其中综合院士工作站 4 家，企业院士工作站 35 家；进站院士 25 名，其中中国科学院院士 3 名、中国工程院院士 22 名，住鲁院士 13 名、省外院士 12 名；合作涉及现代海水养殖、海洋药物与生物制品、海洋工程及装备、海洋精细化工、海洋监测技术等领域。从图 5-2 可以看出，企业海洋科技创新平台主要集中于现代海水养殖、海洋药物与生物制品、海洋精细化工等领域，海洋新能源、海水综合利用和海洋新材料领域数量较少。

5.1.3　存在问题

近年来，山东省海洋科技成果转化能力取得了较大进步，但是从横向比较看，与沿海先进省份仍有差距。主要有：

（1）经济结构调整与科技需求不匹配　随着海洋科技的进步，山东省海洋产业结构逐步优化，2014 年山东省海洋三次产业比例为 7.3∶46.7∶46，呈现"二、三、一"形态，基本结束了满足生产、生活基本需要的资源开发状态。但是，与其他沿海省市横向对比发现，山东省优势产业仍然是海洋渔业、海洋盐业等对资源依赖度较高的产业，而海洋油气、海洋船舶等技术含量较高的加

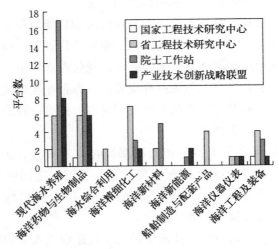

图 5-2　企业海洋科技创新平台领域分布

工业主要分布在广东、天津、上海、辽宁等地，这与山东省海洋油气资源丰富、天然良港众多的现状不符（高乐华，2011）。

　　山东省主要海洋产业增加值相对集中于某个或某几个产业部门，产业结构较为单一；相比较，广东、天津、江苏主要海洋产业结构较为多元化。就战略性海洋新兴产业来看，山东省在很多领域与其他沿海省市仍有差距。海水利用业发展不及辽宁，海水淡化与装备制造产业、高端海洋信息服务业输于天津，海洋装备制造业无法与上海、浙江、江苏相提并论，新能源开发领域逊于广东等地。这些高新产业应用规模大、带动作用强，应该成为山东省重点发展的产业方向。

　　以山东省处于弱势地位的船舶制造等海洋装备产业为例，其产业发展真正的短板仍然是技术研发和设计，目前在海洋工程设计领域没有投入足够的资金和政策支持概念设计，设计往往来自船东，特别是特种船舶和海洋工程装备，作为船厂或研究院，没有足够的资金、精力进行软件的开发与设计工作，只能跟随模仿，核心配套能力严重不足，造船只是"造壳"。因此，中国船企造船方向亟须由散货船、集装箱船向 LNG 运输船、工程船以及海洋装备等高端产业"转调"，弥补海洋工程装备研发技术短板，为高附加值船舶制造提供支撑。

　　（2）成果转化存在诸多问题　与国内其他沿海省市相比，山东省研发能力较强、研究成果较多，但却存在科研成果转化难、转化率低的问题。主要原因有：

　　一是应用型科技人才短缺。山东省虽然拥有国家队水平的海洋科研队伍，但人才队伍结构失衡、分布不合理的问题仍然比较突出。从事科学调查和应用基础研究的人才多，从事高技术研究和技术开发的少，工程技术人员更少，比例大致为 75∶20∶5；国家级机构人才多，省市属机构人才少；科研机构和高等院校人才多，生产一线人才少；传统产业人才多，新兴产业人才少；青岛市蓝色经济人才多，沿海其他 6 市蓝色经济人才少。

二是院所的应用型技术与成果创新动力不足。研究机构、大学考核体系中，大多以项目、课题的数量和经费额度作为考核指标，研究工作多是集中在容易发表论文、申报课题的基础研究和应用基础研究领域，并非全部以可转化的应用型成果为目标，客观上导致了许多源头研究工作与产业化目标脱离较远。

三是企业的中试、孵化条件与环境亟待改善。部分科研成果在实验室里产品达到开发标准，但缺乏中试或二次开发所需的资金、场所、设备、人力等条件。许多企业希望接产新的产品，但是考虑市场风险，往往只投资成熟的项目，或依赖于财政投入化解风险，总体上导致转化资金严重不足。

四是成果评估、转化中介服务力量薄弱。大多数成果靠海洋科研机构和海洋企业之间自发转让，尚未形成市场化的技术与成果的评估、推广与技术转移服务体系。

5.2 山东省海洋科技创新对海洋经济发展的作用评价

在经济活动中，经济发展的技术水平是反映科技创新对于经济发展作用与影响的重要指标。通常经济学中，用技术效率来衡量经济发展技术水平，经济技术效率的基本含义是在既定的投入下产出可增加的能力或在既定的产出下投入可减少的能力，这也可以看作是科技支撑经济发展最直观的反映。那么通过对山东省海洋经济技术效率的测算，可以客观认识山东省海洋科技对海洋经济发展中的作用，为全面评价山东省海洋科技推动产业结构优化的作用提供依据。

5.2.1 山东省海洋经济的随机前沿分析

（1）研究方法与数据处理

① 方法的选择。技术效率的测度最早是由 Farrell（1957）提出来的。技术效率研究中最简单的方法是比率法，即用投入与产出的简单比例关系来表示投入产出绝对效率的大小，但是该方法的缺点在于其仅适用于对单一指标的投

入产出效率进行分析；对于多个投入或产出指标的技术效率度量在目前研究中使用最广泛的方法是生产前沿分析方法，所谓生产前沿是指在一定的技术条件下，各种比例投入所对应的最大产出集合。

前沿分析方法分为参数方法和非参数方法两类，其区分依据为是否已知生产函数的具体形式，参数方法主要以随机前沿分析（Stochastic Frontier Analysis；SFA）为代表，非参数方法主要以数据包络分析（Data Envelope Analysis；DEA）为代表。随机前沿分析主要适用于单产出和多投入的相对效率测算，该方法通常是首先设定一个生产函数，在该生产函数的误差项目设计中包含了衡量投入产出效率的随机项，通过误差项不同的分布假设，估计参数计算出投入产出效率，随机前沿分析的最大优点是效率的计算依赖于具体生产函数的估计，从而使对效率的估计可以得到控制；数据包络分析（DEA）则是使用线性规划的方法来度量效率，其原理是根据样本中所有个体的投入和产出构造一个能够包容所有个体生产方式的最小的产出可能性集合（或产出前沿面），根据实际投入程度的比较对技术效率水平进行测算，数据包络分析的优点在于不需要知道生产前沿函数的具体形式，而只需知道投入与产出的数据，可以评价较为复杂生产关系下的决策单元（Decision Making Unit；DMU）效率，数据包络分析的另一项优点是能较为容易地处理决策单元是多投入、多产出的情况；其次，数据包络分析模型的投入与产出权重由数学规划根据数据产生，不需要事先设定，不受人为因素影响。

在实际应用中，随机前沿分析与数据包络分析两种方法各有优势，主要是在构造生产前沿的方法、计算结果的稳定性等方面有明显的差异。一方面，随机前沿分析的计算结果较为稳定，不易受异常点的影响；另一方面，非参数方法主要是根据样本中所有个体的投入和产出构造一个能够包容所有个体生产方式的最小生产可能性集合，即所有要素和产出的有效组合，虽然无需估计出生产函数但是需要大量的个体数据，而在海洋经济研究中，由于各省市海洋经济统计数据的限制，缺乏大量的相关数据，很难满足非参数方法计算的需要。

因此，最终本书选择随机前沿分析方法进行山东省与其他沿海省市海洋经济技术效率的比较研究，通过选取 2006—2012 年间全国沿海省市的相关数据，运用随机前沿分析对我国沿海地区海洋经济的技术效率进行测算与比较，从而掌握并分析山东省海洋经济发展的技术水平和总体趋势。

② 随机前沿分析。根据 S. C. Kumbhakar 和 C. A. K. Lovell（2000）的总结，研究者们一致认为 Meeusen 和 Broeck（1977）、Aigner，Lovell 和 Schmidt（1977）与 Battese 和 Corra（1977）这三篇论文是标志着随机前沿分析技术诞生的开

创性文献，并同时指出面板数据比横截面数据有更多的优势，如在增加自由度等方面，因此随机前沿模型由主要应用于横截面数据逐渐发展为使用面板数据。

考虑时间序列和横截面数据（Panel Data）的随机边界生产函数基本可以表达为：$Y_{it}=f(X_{it}, \beta)+\varepsilon_{it}$（$i=1, 2, \cdots, n$；$t=1, 2, \cdots, T$），其中 Y_{it} 为 t 时期区域 i 的产出，X_{it} 为 t 时期 i 区域一组矢量投入，β 为待定参数，ε_{it} 为误差项，若令 $f(X_{it}, \beta)=\exp(X_{it}, \beta)$，$\varepsilon_{it}=\exp(E_{it})$，则 $Y_{it}=\exp(X_{it}, \beta+E_{it})$。

在随机边界生产函数中，误差项由两个相互独立部分组成，即 $E_{it}=V_{it}-U_{it}$，V_{it} 与 U_{it} 相互独立不相关。其中 V 是经典的随机误差项，$V_{it}\sim N(0, \sigma_v^2)$，$v\in iid$（独立一致分布）；$U_{it}$ 表示那些仅仅对某个个体所具有的冲击，即 i 区域在 t 时期实际产出与该时期现有投入水平所能达到的最佳产出间的差距，$U_{it}\geqslant 0$，$U_{it}\sim N^+(\mu, \sigma_u^2)$。$\gamma$ 为变差率，即 $\gamma=\dfrac{\sigma_u^2}{\sigma_u^2+\sigma_v^2}$，$\gamma$ 趋近于 1 表示误差主要由技术非效率项 U 决定；γ 趋近于 0 表示误差主要由随机误差项 V 决定；γ 位于 0 和 1 之间则表示误差由随机误差项和技术非效率项共同决定；因此一般认为 γ 显著大于 0 的单边似然比检验结果意味着随机前沿模型设定正确（Coelli, 1995）。i 区域 t 时期的技术效率就是 $TE_{it}=\exp(-U_{it})$，则 $0\leqslant TE_{it}\leqslant 1$，当 $U_{it}=0$ 时，$TE_{it}=1$，实际生产函数就处于生产前沿上，即最佳产出边界上，当 $U_{it}>0$ 时，实际生产函数则处于生产前沿的下方。

随机前沿分析的生产函数本书采用一般的柯布-道格拉斯生产函数形式，即：

$$\ln Y_t=\beta_0+\beta_1\ln K_t+\beta_2\ln L_t+v_t-u_t \quad t=1, 2, \cdots, 6 \quad (5-1)$$

③ 数据的处理。由于数据原因，本部分选择 2006—2012 年间全国沿海省市海洋经济作为分析对象，相关数据来源于历年《中国统计年鉴》与《中国海洋统计年鉴》。式 5-1 中 Y_t 为沿海省市 t 期间海洋生产总值，各年度海洋 GDP 根据各地区 GDP 平减指数按照 1978 年可比价格进行折算；K_t 为沿海省市 t 期间的固定资本存量，采用永续盘存法计算固定资本存量，由于缺少海洋经济固定资本存量数据，因此由各区域相关数据推算，并参照张军等（2004）的做法，选择固定资产形成总额作为投资指标，固定资产投资价格指数直接采用《中国统计年鉴》公布的各省平减指数，固定资产形成总额的折旧率为 9.6%；L_t 为沿海省市 t 期间年均海洋从业人数，本年年均海洋从业人数=（上年年末数+本年年末数）/2。

（2）实证分析结果

① 模型检验。在实证分析中，我们首先对模型的设定形式进行检验。在随机前沿分析方法中，通过对生产函数的假设检验：H_0：$\gamma=0$；H_1：$\gamma>0$ 的检验结果来判断前沿函数的设定是否有效，如果 H_0 被接受，那么技术非效率项不存在，随机前沿函数无效。根据 Coelli（1995）的研究，检验方法通常采用单边广义似然率检验，检验统计量为：

$$LR=-2\{\ln\,[L\,(H_0)/L\,(H_1)]\}=-2\,\{\ln\,[L\,(H_0)]-\ln\,[L\,(H_1)]\},$$

其中 $L\,(H_0)$ 和 $L\,(H_1)$ 分别为在零假设 H_0 和备择假设 H_1 下的似然函数值。

如果零假设 H_0 成立，那么检验统计量 LR 服从混合卡方分布，如果 LR 大于给定显著性水平下的临界值，那么可以认为随机前沿模型的设定有效。通过对模型的检验，得到如下结果：

对数似然函数值 log likelihood function ＝32.175 202；

单边误差似然比统计量 LR test of the one－sided error ＝32.180 03

$LR=32.18>\chi^{2}_{0.001,2}=12.810$，因此拒绝零假设 H_0，这说明模型的误差项有着明显的复合结构，随机前沿函数模型的设定合理。

② 模型结果。利用 Frontier Version4.1 软件对式 5－1 所构造的随机边界生产函数进行估计，参数估计值结果见表 5－1。

表 5－1　随机模型估计结果

	系数	标准差	t 统计量
β_0	−1.128 9	0.098 1	−11.503 3
β_1	0.820 6	0.005 2	157.823 9
β_2	0.351 8	0.019 9	17.659 4
σ^2	0.107 8	0.017 7	6.094 4
γ	0.999 7	0.003 6	277.964 7

模型计算所得的 2012 年我国沿海 11 省市海洋经济的技术效率值如图 5－3 所示。

5.2.2　山东省海洋经济的技术效率水平

由表 5－1 可以看出，模型估计参数的 t 统计量普遍显著，模型质量较好，变差率 γ 的单边误差 LR 检验在 1‰水平下显著，在我国区域海洋开发过程中，技术非效率所占的比重较为突出，我国海洋经济还有很大的技术效率提升空间。

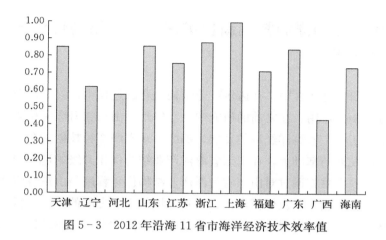

图 5-3　2012 年沿海 11 省市海洋经济技术效率值

　　从整体上来看，我国各沿海地区海洋经济的技术效率发展并不均衡，尽管随着"科技兴海"战略的实施、国家及地方政府对海洋科技的逐步重视，部分地区的海洋经济技术效率得到了提升，海洋科技的进步能够有效促进海洋经济技术效率的提高，但与此同时，由于各地区大规模海洋开发战略的密集实施，海洋经济领域的资金投资、资源利用、人力资源等生产要素的前期投入规模迅速扩大，也使得近年来部分沿海地区海洋经济发展的技术效率有所降低。

　　从山东省海洋经济的技术效率发展来看，海洋经济技术效率的整体水平较高，这一方面反映出海洋经济发展对于科技创新依赖度较高的特点，另一方面也说明，山东省的海洋科技创新在海洋经济发展中发挥了重要的作用，海洋科技具有较强的支撑能力，较好地提升了经济发展的技术效率，保证了山东省海洋经济较高水平的发展。但从发展趋势来看，山东与广东、浙江等地相同，海洋经济技术效率呈现出下降的趋势，这一方面反映了山东省海洋经济发展仍然没有摆脱高度依赖于资金等物质资本投入的状况；另一方面也反映出目前山东省的海洋科技创新并不能完全满足蓝色经济区海洋发展战略实施的要求，海洋科技实力无法充分发挥战略实施所带来大规模要素投入的全部作用，海洋科技创新的能力还有待于进一步提高。另外，从区域间海洋经济技术效率水平差异来看，山东省与区域海洋经济技术效率最高的上海等地相比仍有一定的差距，山东省海洋科技创新的优势资源，并没有在推动海洋经济的发展中充分体现出来，如何进一步提高海洋科技创新所发挥的作用，提升海洋经济的技术效率水平对山东省海洋经济发展具有重要的意义。

5.3 山东省海洋科技创新促进海洋产业结构优化升级的作用分析

大量的研究已经表明，在区域产业结构优化的过程中，科技创新通常都发挥着十分重要的作用，在之前的研究中已经发现，山东省海洋科技创新有效地支撑和推动了山东省海洋经济的发展，那么山东省海洋科技创新在推动海洋产业优化升级发展的基础上，在山东省海洋产业结构优化升级的过程中发挥了怎样的作用呢？本书将通过对山东省海洋产业结构优化程度与山东省海洋科技的人力投入、物质投入以及创新产出、创新环境等方面之间的关系进行定量定性分析，从而较为全面地对山东省海洋科技创新在推动海洋产业结构优化升级中发挥的作用进行研究。

对于山东省海洋产业结构优化升级程度与山东省海洋科技的人力投入、物质投入以及创新产出之间的作用关系研究主要从定量分析的角度入手，关于产业结构优化升级的测度，研究中使用产业结构升级指数 R 表示。根据配第-克拉克关于产业结构演变的规律，产业结构优化升级的重要特征是第三产业的地位越来越突出，第一产业的比重相对降低，因此，本书在测度山东省海洋产业结构优化升级水平时采用李逢春（2012）的研究方法，构建如下的产业结构升级指数：

$$R = \sum_{i=1}^{3} y_i \times i = y_1 \times 1 + y_2 \times 2 + y_3 \times 3$$

其中，y_i 为第 i 产业产值占总产值的比重，R 的取值在 $1 \sim 3$ 之间，R 越接近于 1，说明产业结构发展层次越低，R 越接近于 3，说明产业结构发展层次越高。

5.3.1 山东省海洋科技人才优势在海洋产业结构优化升级中的作用分析

在山东省海洋科技人才优势对海洋产业结构优化的作用分析中，本书引入向量自回归模型（vector autoregression，VAR），通过建立山东省海洋科技人力资源投入与海洋产业结构升级指数的 VAR 模型，分析山东省海洋科技人才优势对海洋产业结构优化的作用。

（1）研究对象的选择 主要选择山东省海洋科研机构科技活动人员总数作为山东省海洋科技人力资源投入指标的数据来源，以 1996—2014 年山东省海洋科技活动人员总数作为反映山东省海洋科技人力资源投入情况的指标。在构建的 VAR 模型中山东省的海洋科技活动人员总数与海洋产业结构升级系数均为内生变量，唯一的外生变量是时间趋势。

（2）模型的构建与分析

① 向量自回归（VAR）模型。VAR 模型是把系统中每一个内生变量作为系统中所有内生变量的滞后值的函数来构造模型，从而将单变量自回归模型转化为由多元时间序列变量组成的向量自回归模型。1980 年西姆斯（C. A. Sims）将 VAR 模型引入经济学中，VAR 模型常用于预测相互联系的时间序列系统及分析随机扰动对变量系统的动态冲击，从而解释各种经济冲击对经济变量形成的影响。

VAR 模型的数学表达式是：

$$\boldsymbol{y}_t = \boldsymbol{A}_1 \boldsymbol{y}_{t-1} + \cdots + \boldsymbol{A}_p \boldsymbol{y}_{t-p} + \boldsymbol{B} \boldsymbol{x}_t + \boldsymbol{\varepsilon}_t, \quad t = 1, 2, \cdots, T$$

其中：$\boldsymbol{y}_t$ 是 k 维内生变量向量，$\boldsymbol{x}_t$ 是 d 维外生变量向量，p 是滞后阶数，T 是样本个数。$k \times k$ 维矩阵 $\boldsymbol{A}_1, \cdots, \boldsymbol{A}_p$ 和 $k \times d$ 维矩阵 $\boldsymbol{B}$ 是要被估计的系数矩阵，$\boldsymbol{\varepsilon}_t$ 是 k 维扰动向量。若只考虑内生变量，则 VAR 模型为：

$$\boldsymbol{y}_t = \boldsymbol{A}_1 \boldsymbol{y}_{t-1} + \cdots + \boldsymbol{A}_p \boldsymbol{y}_{t-p} + \boldsymbol{\varepsilon}_t \quad t = 1, 2, \cdots, T$$

② 模型的建立与检验。按照 VAR 模型的基本要求，为了避免出现谬误回归（spurious regression）现象，在对变量进行向量自回归之前，需要对变量是否具有长期稳定的关系进行协整关系分析。按照协整理论，只有当变量之间存在协整关系时，变量之间才存在长期均衡关系，回归才具有现实意义。

单位根检验。根据协整检验的要求，首先要检验 VAR 模型各个变量的平稳性，本书选择 ADF 检验对山东省海洋科技人力资源投入和海洋产业结构升级指数进行单位根检验，检验结果如表 5-2、图 5-4、图 5-5 所示。

表 5-2　相关变量单位根检验结果[①]

	变量	ADF 检验值	检验类型 (C, T, K)	临界值	检验结果
产业结构升级	R	1.490 296	(0, 0, 0)	−1.606 610*	非平稳
指数 R	ΔR	−3.594 982	(0, 0, 0)	−2.708 094***	平稳
海洋科研机构	L	0.985 300	(C, T, 0)	−2.660 551*	平稳
从业人员 L	ΔL	−3.789 159	(C, 0, 0)	−3.052 169**	非平稳

注：检验形式 (C, T, K) 中的 C、T 和 K 分别表示单位根检验方程的常数项、时间趋势和滞后阶数。0 表示不含常数项、时间趋势或滞后阶数。＊＊＊、＊＊、＊分别表示 1%、5%、10%的显著水平。

---

① 数据根据 Eviews7.0 软件计算。

		t-Statistic	Prob.*

Null Hypothesis：D(R) has a unit root

Exogenous：None

Lag Length：0(Automatic-based on SIC, maxlag=3)

		t-Statistic	Prob.*
Augmented Dickey-Fuller test statistic		−3.594 982	0.001 3
Test critical values：	1% level	−2.708 094	
	5% level	−1.962 813	
	10% level	−1.606 129	

*MacKinnon (1996) one-sided p-values.

图 5-4　山东省海洋产业结构升级指数的单位根检验结果[①]

Null Hypothesis：D(L) has a unit root

Exogenous：Constant

Lag Length：0 (Automatic-based on SIC, maxlag=3)

		t-Statistic	Prob.*
Augmented Dickey-Fuller test statistic		−3.789 159	0.012 1
Test critical values：	1% level	−3.886 751	
	5% level	−3.052 169	
	10% level	−2.666 593	

图 5-5　山东省海洋科技人力资源投入序列的单位根检验结果[①]

　　山东省的海洋科技人力资源投入和海洋产业结构升级指数的单位根检验结果显示（图 5-5、图 5-6），山东省的海洋科技人力资源投入和海洋产业结构

---

　　① 由 Eviews7.0 软件计算生成。

升级指数的时间序列都是在一阶差分后平稳的，即均为 I（1）序列，是同阶平稳的，因此它们之间可以进行协整关系检验。

协整检验。根据 Johansen 协整检验的结果（表 5-3），山东省海洋科技人力资源投入和海洋产业结构升级指数之间至少存在 1 个协整变量。因此，山东省海洋科技人力资源投入和海洋产业结构升级指数之间存在协整关系，可以建立 VAR 模型。

表 5-3 变量间协整检验结果[①]

变 量	原假设	特征根迹检验	最大特征值检验
R 与 L	0 个协整向量	24.20（15.49）	22.21（14.27）
	1 个协整向量	1.98（3.84）*	1.98（3.84）*

注：＊＊＊、＊＊、＊分别表示 1%、5%、10%的显著水平。

滞后阶数的确定。在确定了 VAR 模型变量的稳定性和协整关系后，接下来要确定模型的滞后阶数。目前较为常用的方法是 AIC 信息准则和 SC 信息准则，其计算方法为：

$$AIC = -2l/T + 2n/T$$

$$SC = -2l/T + n\ln T/T$$

其中，n 为 VAR 模型中被估计的参数总数，$n = k(d + pk)$，T 是样本长度，k 是内生变量个数，d 是外生变量个数，p 是滞后阶数，l 由下式确定：

$$l = -\frac{Tk}{2}(1 + \ln 2\pi) - \frac{T}{2}\ln\left|\sum\right|，\quad \sum \text{ 是模型残差协方差矩阵的估计值。}$$

在实际计算中，选择令两个准则值 AIC 和 SC 取得最小值的滞后阶数 p 为模型的最优滞后阶数。通过计算，山东省海洋科技人力资源投入和海洋产业结构升级指数 VAR 模型的滞后阶数为 2。

VAR 模型的构建。运用 Eviews 软件进行模型的计算，最终山东省海洋科技人力资源投入和海洋产业结构升级指数 VAR 模型估计结果是：

LOG $(L) = 0.131\,996\,738\,958 \times$ LOG $(L(-1)) + 0.539\,697\,536\,058 \times$ LOG $(L(-2)) + 0.341\,864\,613\,487 \times$ LOG $(R(-1)) + 0.040\,447\,124\,5\,816 \times$ LOG $(R(-2)) + 2.359\,077\,506\,36$

LOG $(R) = -1.037\,983\,286\,32 \times$ LOG $(L(-1)) + 0.610\,831\,867\,399 \times$ LOG $(L(-2)) + 1.041\,960\,783\,47 \times$ LOG $(R(-1)) + 0.266\,420\,557\,503 \times$

---

① 数据根据 Eviews7.0 软件计算。

LOG (R (−2))＋3. 180 679 713 52

③ 模型分析。从最终的 VAR 模型可以发现，山东省海洋产业结构升级指数与滞后一期的海洋科技人力资源投入存在负相关关系，与滞后两期的海洋科技人力资源投入存在正相关关系，表明山东省海洋科技人力资源投入对海洋产业结构的优化升级开始有一定的负向推动作用，之后转为正向推动作用，而且从模型的估计系数来看，这种推动作用较为显著，这可能是因为人力投入初期有一个适应的过程，之后才开始慢慢发挥作用。

5.3.2 山东省海洋科技投入在海洋产业结构优化升级中的作用分析

在山东省海洋科技投入对海洋产业结构优化的作用分析中，本书继续采用 5.3.1 节构建的向量自回归模型（vector autoregression，VAR），通过建立山东省海洋科技投入与海洋产业结构升级指数的 VAR 模型，研究分析山东省海洋科技投入对海洋产业结构的优化作用。

（1）研究对象的选择 由于山东省海洋科技资金投入的相关数据统计时间为 2006—2014 年，统计时间序列相对较短，而科研机构开展的课题数量也是科技创新投入最重要的反映指标且时间序列较长，因此研究中主要选择山东省海洋科研机构承担的课题数作为山东省海洋科技投入指标的数据来源，以 1996—2014 年山东省海洋科研机构课题数量从整体上反映山东省的海洋科技投入情况。同样的，在构建的 VAR 模型中山东省海洋科研机构承担的课题数量与海洋产业结构升级指数均为内生变量，唯一的外生变量是时间趋势。

（2）模型的构建与分析

① 模型的建立与检验。按照 VAR 模型的基本要求，模型首先要对变量序列进行单位根检验和协整检验。根据协整检验的要求首先检验 VAR 模型各个变量的平稳性，本书选择 ADF 检验对山东省的海洋科技投入和海洋产业结构升级指数进行单位根检验，检验结果如表 5-4、图 5-6 所示。

表 5-4　相关变量单位根检验结果[①]

变 量		ADF 检验值	检验类型 (C, T, K)	临界值	检验结果
产业结构升级指数 R	R	1. 490 296	(0, 0, 0)	−1. 606 610*	非平稳
	ΔR	−3. 594 982 8	(0, 0, 0)	−2. 708 094 ***	平稳

① 数据根据 Eviews7.0 软件计算。

（续）

变 量		ADF 检验值	检验类型 (C, T, K)	临界值	检验结果
海洋科研机构承担 课题总数 N	N	0.637 714	(C, T, 0)	$-2.660\,551^*$	非平稳
	ΔN	$-2.344\,604$	(C, T, 3)	$-1.962\,813^{**}$	平稳

注：检验形式（C, T, K）中的 C、T 和 K 分别表示单位根检验方程包括常数项、时间趋势和滞后阶数。0 表示不含常数项、时间趋势或滞后阶数。 $*$ $*$ $*$ 、 $*$ $*$ 、 $*$ 分别表示 1%、5%、10% 的显著水平。

```
Null Hypothesis: D(N) has a unit root

Exogenous: None

Lag Length: 0 (Automatic-based on SIC, maxlag=3)
```

		t-Statistic	Prob.*
Augmented Dickey-Fuller test statistic		$-2.344\,604$	0.022 4
Test critical values:	1% level	$-2.708\,094$	
	5% level	$-1.962\,813$	
	10% level	$-1.606\,129$	

```
*MacKinnon (1996) one-sided p-values.
```

图 5-6 山东省海洋科技投入序列的单位根检验结果[①]

对山东省海洋科技投入和海洋产业结构升级指数的单位根检验显示，山东省海洋科技投入和海洋产业结构升级指数的时间序列都是在一阶差分后平稳的，即均为 I（1）序列，是同阶平稳的，因此它们之间可以进行协整关系检验。

协整检验。根据 Johansen 协整检验的结果（表 5-5），山东省海洋科技投入和海洋产业结构升级指数之间至少存在 1 个协整变量。因此，山东省海洋科技投入和海洋产业结构升级指数之间存在协整关系，可以建立 VAR 模型。

---

① 数据根据 Eviews 7.0 软件计算。

表 5-5 变量间协整检验结果①

变 量	原假设	特征根迹检验	最大特征值检验
R 与 N	0 个协整向量	17.41 (15.49)	17.09 (14.27)
	1 个协整向量	0.32 (3.84)*	0.32 (3.84)*

注：括号内为 5%的显著水平下的临界值，"*"表明检验结果接受原假设。

滞后阶数的确定。根据 AIC 信息准则和 SC 信息准则，选择令两个准则值 AIC 和 SC 取得最小值的滞后阶数 p 为模型的最优滞后阶数。通过计算，山东省海洋科技投入和海洋产业结构升级指数 VAR 模型的滞后阶数为 1。

VAR 模型的构建。运用 Eviews 软件进行模型的计算，最终得出山东省海洋科技投入和海洋产业结构升级指数 VAR 模型估计结果：

LOG (N)=0.725 216 528 663×LOG $(N\ (-1))$+0.421 254 683 753× LOG $(R\ (-1))$+1.675 328 338 21

LOG (R)=0.026 484 413 377 3×LOG $(N\ (-1))$+0.904 589 859 967× LOG $(R\ (-1))$ −0.087 581 667 63

② 模型分析。从最终的 VAR 模型可以发现，山东省海洋产业结构优化升级与滞后一期的海洋科技投入存在正向的相关关系，表明山东省海洋科技投入对海洋产业结构的优化升级有一定的推动作用，但从模型的估计系数来看，这种推动作用并不显著。

5.3.3 山东省海洋科技创新成果在海洋产业结构优化升级中的作用分析

在本节山东省海洋科技创新成果在海洋产业结构优化的作用分析中，受统计资料限制，可以反映山东省海洋科技创新产出的统计指标时限均较短，无法满足构建一般时间序列统计模型的要求，因此研究选择采用灰色关联分析方法，通过计算山东省海洋科技创新成果与海洋产业结构升级指数的关联度，来研究山东省海洋科技创新成果对海洋产业结构优化的作用。

（1）研究对象的选择 选择反映科技创新成果较为普遍的区域授权专利数作为研究对象，以 1995—2014 年的山东省海洋科研机构获得的授权专利数从整体上反映山东省的海洋科技创新产出情况。同时，由于灰色关联度的大小本身并没有绝对的实际意义，需要通过比较来反映两者之间的相关程度，因此本研究将分别计算山东省海洋科技人力资源投入、海洋科技投入和海洋科技创新

---

① 数据根据 Eviews7.0 软件计算。

成果与山东省海洋产业结构升级指数的灰色关联度，并进行三者之间的比较，通过借助前两节分析的结论，对山东省海洋科技创新成果在海洋产业结构优化升级中发挥的作用进行评价。

（2）计算方法与结果

① 灰色关联分析。灰色关联分析属于灰色系统论的研究范畴，它承认客观事物具有广泛的灰色性，即信息的不完全性和不确定性，可以在样本容量较小的情况下，采用特殊的运算方法来反映事物之间的联系。灰色系统论是系统控制理论的新发展，其核心思想是认为许多系统内部不都是确定的信息，还有一部分是不确定的信息，通常称这些确定的信息为白色的，不确定的信息被称为黑色的，对于一个既包含不确定信息又包含确定信息的系统，则被称为灰色系统。根据灰色系统理论的这一思想，对于同一系统内部的各个因素，其相互之间的关系非常复杂，无法确定哪些因素关系密切，而哪些因素关系不密切，我们就把系统内因素之间的这种关系称为是灰色的。而灰色系统理论为了确定系统内部哪些因素的关系是密切的，哪些因素的关系不密切，从而掌握系统的主要特征，就提出了关联度（correlative degree）分析的概念，也就是灰色关联分析，即根据因素之间发展趋势的相似或相异程度，来衡量因素间关联程度。

通常灰色关联分析主要通过原始数据转换、计算关联系数和求关联度三个步骤进行灰色关联度的测算。

第一，找出数据序列。将系统内反映某个行为特征因素的数据序列表示为时间序列 $\{x(t)\}$，$t=1, 2, \cdots, k$；假设存在 n 个时间序列，则有 n 个时间序列代表 n 个因素：$\{x_1(t)\}$，$t=1, 2, \cdots, k$

$\{x_2(t)\}$，$t=1, 2, \cdots, k$

……

$\{x_n(t)\}$，$t=1, 2, \cdots, k$

k 为序列中数据的个数，对于一个给定的时间序列 $\{x_0(t)\}$，$t=1, 2, \cdots, k$，其中，称 $\{x_0(t)\}$ 为母序列，其余序列为子序列，对于灰色关联分析就是要找出母序列与其余序列之间的灰色关联度。

第二，原始数据转换。测算序列之间的灰色关联度时要消除量纲对时间序列之间关系的影响，在计算关联系数之前必须先进行原始数据的转换，使序列转换为可以进行比较的数列。由于在经济系统的研究中，经济产出的时间序列通常呈现增长的趋势，因此，在原始数据转换上通常使用初值化变换，即把一组序列中的每一个原始数据分别除以该序列的第一个数据，从而转换得到新的序列。

第三，计算关联系数。首先求绝对差，$\Delta_i(t)=|x_o(t)-x_i(t)|$（$i=1$，$2$，$\cdots$，$n$；$t=1$，$2$，$\cdots$，$k$）；然后求关联系数 $\zeta_i(t)$，其计算公式为：

$$\zeta_i(t)=\frac{\min\limits_i\min\limits_t\Delta_i(t)+\rho\max\limits_i\max\limits_t\Delta_i(t)}{\Delta_i(t)+\rho\max\limits_i\max\limits_t\Delta_i(t)}, \quad i=1,2,\cdots,n; \quad t=1,2,\cdots,k$$

其中 ρ 为分辨系数，$\rho\in[0,1]$，一般情况下取 $\rho=0.5$，其作用是消除 $\max\limits_i\max\limits_t\Delta_i(t)$ 值过大情况下关联系数值失真的影响。

第四，求关联度。$r_i=\frac{1}{k}\sum\limits_{t=1}^{k}\zeta_i(t)$，其中 k 为两个时间序列中数据的个数。一方面，在灰色关联分析中，关联度只是一个相对量，它是一种相对性的分析，关联度大小没有实际意义；另一方面，关联度的大小虽然没有绝对的实际意义，但是在一定程度上关联度还是可以反映两个系统之间的差异。一般情况下，当测算出的关联度小于 0.6 时，就认为系统间的差异很大。

② 计算结果。按照灰色关联度的计算过程，本书对山东省海洋科研机构科技活动人员总数、海洋科研机构承担课题总数和海洋科研机构获得授权专利数分别与山东省海洋产业结构升级指数的灰色关联度进行测算，具体结果见表 5-6 至表 5-9。

表 5-6　2005—2014 年各变量原始数据[①]

年　份	海洋产业结构升级指数	海洋科研机构科技活动人员总数	海洋科研机构承担课题数	海洋科研机构获得授权专利数
2005	1.709	2 669	836	63
2006	2.348	3 001	807	99
2007	2.367	3 094	891	87
2008	2.364	3 169	1 026	75
2009	2.366	3 466	1 254	128
2010	2.372	3 610	1 358	127
2011	2.37	3 719	1 477	213
2012	2.37	3 818	1 550	280
2013	2.378	3 864	1 681	370
2014	2.409	3 922	1 633	437

① 数据来源：2006—2013 年《中国海洋统计年鉴》。

表5-7　变量数据初始化

年　份	海洋产业结构升级指数	海洋科研机构科技活动人员总数	海洋科研机构承担课题数	海洋科研机构获得授权专利数
2005	1	1	1	1
2006	1.373 374	1.124 391	0.965 311	1.571 429
2007	1.384 488	1.159 236	1.065 789	1.380 952
2008	1.382 733	1.187 336	1.227 273	1.190 476
2009	1.383 903	1.298 614	1.5	2.031 746
2010	1.387 412	1.352 567	1.624 402	2.015 873
2011	1.386 243	1.393 406	1.766 746	3.380 952
2012	1.386 243	1.430 498	1.854 067	4.444 444
2013	1.390 922	1.447 733	2.010 766	5.873 016
2014	1.409 054	1.469 464	1.953 349	6.936 508

表5-8　差值绝对值

年　份	海洋科研机构科技活动人员总数	海洋科研机构承担课题数	海洋科研机构获得授权专利数
2005	0	0	0
2006	0.248 983	0.408 063	0.198 054
2007	0.225 252	0.318 698	0.003 535
2008	0.195 397	0.155 460	0.192 257
2009	0.085 289	0.116 097	0.647 843
2010	0.034 846	0.236 990	0.628 461
2011	0.007 163	0.380 504	1.994 710
2012	0.044 256	0.467 824	3.058 202
2013	0.056 811	0.619 844	4.482 094
2014	0.060 410	0.544 295	5.527 454

表5-9　关联系数与关联度

年　份	海洋科研机构科技活动人员总数	海洋科研机构承担课题数	海洋科研机构获得授权专利数
2005	1	1	1
2006	0.917 356	0.871 346	0.933 130
2007	0.924 639	0.896 608	0.998 722

（续）

年　份	海洋科研机构科技 活动人员总数	海洋科研机构 承担课题数	海洋科研机构获得 授权专利数
2008	0.933 968	0.946 745	0.934 960
2009	0.970 064	0.959 686	0.810 104
2010	0.987 549	0.921 022	0.814 733
2011	0.997 415	0.878 983	0.580 806
2012	0.984 239	0.855 232	0.474 710
2013	0.979 858	0.816 808	0.381 424
2014	0.978 609	0.835 462	0.333 333
关联度	0.967 370	0.898 189	0.726 192

（3）结果分析　通过比较结果，我们可以发现山东省海洋科技创新成果与海洋产业结构优化升级之间的关联度处于相对较高水平，表明山东省海洋科技创新成果在海洋产业结构优化升级过程中发挥着一定的推动作用，海洋科技创新的产出促进了山东省海洋产业的升级转型；海洋科技人力资源投入、海洋科技投入、海洋科技创新产出与海洋产业结构优化升级的关联度依次减小，这一结果也与之前 VAR 模型分析的结论相吻合，三者之间差异较为明显，山东省海洋科技创新成果与海洋产业结构优化升级之间的关联度明显低于前两者，表明山东省海洋科技创新成果对产业结构优化升级的作用效果要低于前两者，结合前两节研究结论，山东省海洋科技创新成果对推动海洋产业结构优化升级的作用较为有限。

5.4　小结

在对山东省海洋科技创新促进海洋产业发展的基本情况进行分析的基础上，本研究通过随机前沿模型对山东省海洋经济的技术效率进行了计算，分析了山东省海洋科技创新在海洋经济发展中的作用，同时借助向量自回归模型、灰色关联度等分析方法，对山东省海洋科技创新中科技人才、资金投入、科技成果、创新环境等方面内容在推动山东省海洋产业结构优化中的作用进行了分析。

（1）山东省海洋科技创新在海洋产业结构优化升级中的主要作用　根据山东省海洋经济的技术效率研究可以发现，山东省海洋科技创新在有效提升山东省海洋经济技术效率、推动海洋经济发展的基础上，对山东省海洋产业结构的优化升级也发挥了一定的作用。具体来看，海洋科技人力资源投入、海洋科技物质投入和海洋科技创新成果在山东省海洋产业结构优化升级过程中均发挥着正向的推动作用，三者的作用效果存在一定的差异，呈现依次降低的特点。三者对山东省海洋产业结构优化升级作用的总体水平并不突出，对海洋产业结构优化升级的直接作用较为有限，仍然具有较大的提升空间。

在科技创新要素中，除了评价研究中涉及的海洋科技人力资源投入、海洋科技物质投入和海洋科技创新成果三个要素外，还有创新平台、体制机制、政策环境、科技金融等"政产学研金"多方面的因素，均能对海洋产业结构的变动产生影响，在产业结构优化升级过程中发挥作用。

（2）"十三五"期间山东省海洋产业结构的主要发展方向　根据之前对山东省"十三五"期间海洋产业结构的相关预测分析结论，可以发现，按目前发展水平，到"十三五"时期，山东省海洋产业结构水平将与合理区间之间存在着一定的差距，其中最为显著的差距就是海洋第三产业所占的比重偏低。在现有海洋经济发展方式无法有效推动山东省海洋产业结构达到合理化水平的情况下，进一步发挥山东省科技创新的作用就成为加快推进海洋产业结构优化升级的理想选择，而如何有效推动海洋第三产业发展，提升海洋第三产业在山东省海洋经济中所占的比重，就成为今后山东省海洋科技创新发挥作用的重点方向。

（3）山东省海洋科技创新在推动海洋产业结构优化升级中的重点领域　通过研究可以发现，山东省海洋科技创新的优势并不能在山东省海洋产业结构优化升级中得到完全的体现。一方面是因为山东省海洋科技创新在推动海洋产业发展上还存在一定的不足，另一方面则是由于海洋科技创新的成果往往并不是直接作用于海洋产业的发展，这主要是因为山东省海洋科技创新的主体主要以大型海洋科研院所为主，其承担的科研项目中基础研究、公益研究占了较大的比重，这些项目投入大但产出的成果并不能在产业发展中直接得到应用，这也就造成了山东省海洋科技创新的人力、物质投入以及成果产出对山东省海洋产业结构优化升级的作用效果并不显著。

而针对山东省海洋科技创新在海洋产业结构优化升级过程中的作用特点，进一步充分发挥山东省海洋科技创新在基础研究、公益研究等领域的优势，结合提高山东省海洋产业结构中第三产业所占比重的总体目标，山东省可以通过重点发展以下几个产业领域，扩大山东省海洋第三产业的产值规模，同时也可以对其他海洋产业的升级发展提供有力的支撑。这些领域主要有：海洋专业技术服务中的海洋测绘服务、海洋检测技术服务、海洋开发评估服务等；海洋工程技术服务中的海洋工程勘察设计、海洋工程管理服务、海洋工程作业服务等；海洋信息服务中的海洋卫星遥感服务、海洋电信服务、海洋数据处理和存储服务、海洋信息技术咨询服务等；海洋地质勘查中的海洋矿产地质勘查、海洋工程地质调查与勘查、海洋环境地质调查与勘查、河口水文地质调查与勘查、海洋地质勘查技术服务等；海洋环境监测预报减灾服务中的海洋环境监测服务、海洋环境预报服务、海洋减灾服务等，海洋生态环境保护中的海洋生态保护、海洋环境治理、海洋生态修复等。

6 海洋产业结构优化升级的科技创新路径

通过对山东省海洋产业结构的发展预测，并根据海洋科技创新对海洋产业结构优化作用的研究结论，依靠海洋科技创新推动山东省海洋产业结构优化升级是必然选择（孙才志，2007；卢宁，2009）。围绕山东海洋科技资源优势所在和海洋产业结构优化方向，重点提出海洋一产和二产的重点优化方向以及战略性新兴产业领域，着力做大做强海洋第三产业发展，尤其依托山东海洋科技资源优势，推动海洋科技服务业长足发展，发展三产的同时，支撑、服务一产和二产转型升级，而一产和二产的转型升级又会促进海洋资源保护与海洋生态环境的改善，从而奠定滨海旅游业等海洋第三产业的可持续发展（图6-1）。

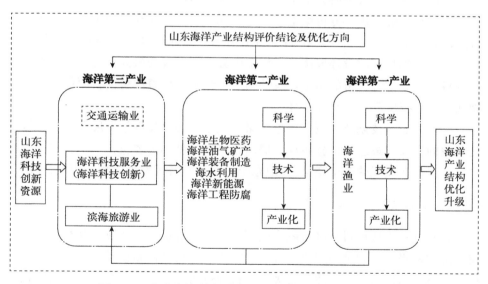

图6-1　山东省海洋产业结构优化升级科技创新路径图

6.1　总体思路

贯彻落实《中共中央　国务院关于深化体制机制改革加快实施创新驱动发展战略的若干意见》，发挥海洋科学技术研究对创新驱动的引领和支撑作用，遵循规律、强化激励，以涉海高等学校、科研院所为主体增强海洋原始创新能力，以技术研发类科研机构和转制的科研院所为主体增强共性技术研发能力，以企业为主体增强产品创新能力，不断培育友好型技术和产业，更加注重经济环境生态质量，深化科技体制机制改革，发挥山东省海洋科技资源优势，提升优化海洋传统产业，培育海洋新兴产业，加快海洋科技创新促进海洋产业结构优化升级的步伐。

6.2　主要依据和原则

6.2.1　主要依据

（1）科技创新推动产业结构优化升级评价结论　通过海洋科技创新与海洋产业结构的关系研究，以及科技创新对产业结构优化升级的作用评价，我们得出了科技创新对推动产业结构优化升级具有重要作用，确定了山东省重点发展的若干产业领域。根据研究结论，设置了任务布局的方向和领域。

（2）科技资源优势分析结论　通过客观审视科技与经济的关系，分析山东省海洋科技资源优势所在，我们得出了山东省海洋科技的科学优势、技术优势、产业化优势和政策环境优势，科学优势是山东省的最大优势。根据山东省海洋科技资源优势分析的结论，我们确定了继续强化海洋科技资源优势、做大做强海洋科技服务业的路径选择。

（3）政府科技创新政策　依据国家、地方有关科技创新发展和产业结构优化升级的发展政策进行任务布局，提出建议和意见。主要包括《国务院关于加快科技服务业发展的若干意见》《山东半岛蓝色经济区发展规划》等规划政策。

6.2.2　基本原则

（1）进一步认识科技经济融合问题　科技经济融合要尊重客观规律，在科技经济"两张皮"问题的解决过程中，客观审视科技创新推动经济发展问题和科学、技术与创新问题，建立合理的考核评价机制，尤其是海洋科学研究在直接推动海洋产业发展、产业结构优化方面存在滞后效应，但在摸清资源本底，改善生态环境，促进人类、环境、经济和谐发展方面具有重要作用。要尊重科学规律，树立新观念，建立与科学研究、技术研发、产业化发展相适应的投入、管理与评价体制机制。

（2）注重科学研究在生态文明发展中的促进作用　在经济社会发展过程中，推动经济增长的同时，更加注重生态环境、社会文明等指标，促进经济环境生态和谐发展。发挥山东省海洋基础研究和公益研究优势,加大在生态环境、资源保护领域的科学研究、技术应用和产品开发等。

(3)做大做强海洋科技服务业　科技服务业是朝阳产业,对改善海洋产业结构具有显著拉升作用,同时山东省科技资源丰富,海洋科学研究优势突出,持续强化海洋基础研究和海洋公益研究,推动海洋技术开发和企业科技创新,做大做强海洋科技服务业,支撑一产、二产优化升级(刘洪斌,2009;朱念,2011)。

(4)深化海洋科技体制机制改革　适应海洋事业发展需求,构建海洋科技发展新体制与新机制,统筹优化科技资源配置、改革科技计划管理、优化科技资金投入、布局海洋科技重点领域,不断推进海洋产业发展、自然资源保护和生态环境改善。

6.3 科技产业方向与布局

海洋经济涉及范围广,涵盖领域多,本书采用海洋三次产业分类研究,部分海洋产业三级分类中如海洋水产品加工业属于第二产业,在海洋及相关产业分类中则属于海洋渔业,而海洋渔业的主体均属于一产,而对策建议一般会针对某个领域提出整体对策,以便于实践经济活动中的可操作性。因此,本书的对策建议涉及的领域会有交叉情况出现。

本书通过研究分析,围绕科技创新推动产业结构优化升级,针对海洋一产、海洋二产围绕海洋环境保护、海洋渔业、海洋生物医药、海洋油气矿产、海洋装备制造、海水利用、海洋新能源、海洋工程防腐,分别在科学层面、技术层面、产业化层面提出了优化升级的方向与内容,并在海洋第三产业领域提出了7个发展重点。

其中,科学层面主要指针对机理、机制的基础研究,技术层面主要指技术研发、工艺创新等,产业化层面主要指技术转移、成果转化、产品开发等与产业相关的创新活动。

6.3.1 海洋第一产业

山东省有中国水产科学研究院黄海水产研究所、中国海洋大学、中国科学院海洋研究所、山东省海洋生物研究院等众多海洋渔业领域研究机构,有唐启升、赵法箴、麦康森等院士领衔的种质、养殖、营养与病害等科研团队,拥有30个国家认证的水产良种,科技资源优势突出。依托优势,针对问题,重点以养殖新品种带动增养殖产业提升，以深远海养殖与捕捞拓展海洋渔业发展空间，以海洋渔业修复与海洋牧场建设改善生态环境，以海洋植物栽培业和海水灌溉业催生海洋农业新领域，以信息化建设为手段推动养殖工厂智能化，从而推动海洋一产优化升级。

海洋第一产业主要是海洋渔业，包括海水养殖、海洋捕捞、海洋渔业服务、海洋农业、海洋林业和海洋农林服务业。其中，海水养殖、海洋捕捞、海洋渔业服务是山东省的主导产业，也是山东省在全国的优势行业。

6.3.1.1　产业瓶颈

山东省海洋渔业发展多年处在全国首位，取得了长足发展，但产业中仍存在着资源环境污染、生态灾害频发、野生种质资源稀缺、海洋荒漠化等科学问题，同时也存在着养殖工艺粗糙、养殖和捕捞装备落后、病害发生频繁、病害防控技术薄弱、单位产量低下、种质退化严重等技术与创新问题，严重阻碍了海水养殖产业的健康、高效、持续发展。

6.3.1.2　对策建议

（1）科学层面　充分发挥山东省的科学资源优势，在科学层面，依托中国海洋大学海水养殖教育部重点实验室、海洋生物遗传学与基因资源利用教育部重点实验室、海洋环境与生态教育部重点实验室，中国科学院海洋研究所海洋生态与环境科学重点实验室、实验海洋生物学重点实验室，中国水产科学研究院黄海水产研究所的农业农村部海洋渔业及可持续发展重点实验室、山东省渔业资源与生态环境重点实验室，山东省海水养殖研究所的山东省海水养殖病害防治重点实验室等海洋渔业基础研究优势力量，大力开展生态灾害机理机制研究、海洋环境保护与评价、野生种质资源保护等，为渔业健康可持续发展奠定环境基础。

① 生态灾害机理机制研究。针对日趋严峻的危害渔业发展的海洋生态（赤潮、绿藻、海星、海蜇等）灾害问题，开展生物灾害演变的过程、机制及其生态安全效应研究，厘清生物灾害演变机制，保障生态安全，保护渔业可持续发展。

② 海洋环境保护。海洋自然环境是渔业发展的基础，发挥科研力量，大力开展海洋自然资源保护和规划工作。研究、评估重要河口、海湾、海岛生态系统安全性、脆弱性、承载力等，为海洋自然资源开发、渔业可持续发展提供科学的资源本底依据。

③ 种质种源保护与研究。针对种质资源稀缺问题，开展野生种质资源调查、规划、保护工作，建设海洋种质资源库，开展水生动物基因组研究，构建

水生动物基因库，为新品种培育和资源保护奠定基础。

（2）技术层面　依托国家海藻与海参工程技术研究中心和国家海产贝类工程技术研究中心、山东省鲆鲽鱼类苗种工程技术研究中心、山东省海藻加工工程技术研究中心等16个省部级海洋渔业领域工程（技术）研究中心，在科学研究基础上，利用新技术培育抗病、抗逆渔业新品种，加强病害问题研究与防治，开展环境整治与修复工作。

① 新品种培育。在国家认定的30个良种基础上，采用现代生物工程技术，以重要养殖生物品种的培育为核心，重点培育海水养殖的优良种质，同时引进优良养殖与种植品种，开展野生种的驯化，解决种质退化问题，建立地方遗传资源的开发利用与保护产业技术体系。

② 病害防治。针对鱼、对虾、贝类、海参等重要养殖品种的多发疾病，研发早期高效诊断技术方法，开展海洋动物主要疾病疫苗及病原特异药剂研制、鱼类寄生虫病害的防治、对虾病毒特异药剂制备与防疫，研发渔用药物及安全应用技术。

③ 海洋环境整治与修复。大力开展海洋环境整治与生态修复，监测、检测、评价、治理陆源污染、海上污染、地质灾害等环境破坏问题；集成利用微生物、植物等环境修复技术，对养殖密集区进行示范开发；建立"海底牧场"生态修复模型，构架"海底牧场"效应评价体系，为胶州湾、荣成湾、莱州湾等重点海域的生物种群恢复及其生态修复提供技术示范。

（3）产业化层面　依托山东省宝荣水产科技院士工作站、山东省天源水产院士工作站等17家海洋渔业领域院士工作站，海参产业技术创新战略联盟、循环水养殖产业技术创新战略联盟等12个海洋渔业领域产业技术创新战略联盟，充分发挥中国水产科学研究院黄海水产研究所渔业资源与生态环境创新团队、中国科学院海洋研究所蓝色农业生物技术创新团队、中国海洋大学水产动物营养代谢机理及饲料安全研究创新团队、中国水产科学研究院黄海水产研究所水产育种与健康养殖创新团队人才优势，以及产业、环保等政策作用，鼓励科研机构和涉海养殖、环保、装备企业与养殖户等海洋渔业主体开展新品种推广升级养殖工艺和设施，主导或参与海洋渔业修复、环境治理、海洋牧场建设，开展深海养殖与远洋捕捞。

① 海洋渔业修复与海洋牧场建设。围绕海洋荒漠化问题，着眼解决近海经济水域生态与环境综合治理关键技术，建立近海渔业生态安全监测与健康评价技术体系，重点开展海洋重要生物资源增殖放流、产卵场与索饵场生境修复、培育海洋碳汇养殖业；围绕海洋生境养护，大力推广人工鱼礁、人工藻场

等海洋生境养护技术，建设海洋牧场，努力推进海洋渔业健康发展和保障海洋环境安全。

② 海水生态养殖。开发浅海滩涂养殖的多营养层次养殖系统共性关键技术，大力开展浅海、滩涂生态养殖；应用精准陆基海水养殖技术，推动池塘生态养殖、外海增养殖以及远岸开放海域海珍品增养殖业发展，为公众提供安全、绿色、健康水产品。

③ 深海养殖与远洋、极地捕捞。加快海水养殖向离岸、深水域发展，推广深水抗风浪网箱养殖技术，加快深水养殖业发展；鼓励企业提升远洋捕捞装备水平和捕捞作业水准，加大远洋捕捞船队建设，开展深远海鱿鱼、金枪鱼、南极磷虾等捕捞作业。

④ 智能化养殖工厂建设。在集约化、工厂化高效养殖模式（技术）与装备开发基础上，进一步推进智能化养殖工厂建设，着力集成网络信息、监控、物联、自动化、移动终端等现代技术，建立信息终端监控系统，实现养殖工厂的养殖水环境监测、温度调控、饵料精准饲喂等养殖作业的远程操作和自动化操作。

⑤ 新型海洋农业。大力发掘和筛选山东省野生盐土植物资源，引进、培育滩涂适生的耐盐植物新品种，促进山东省海洋植物栽培业和海水灌溉农业发展，推进"蓝色粮仓"建设，保障粮食安全（乔敬图，2006）。

⑥ 海洋环境保护。开发海洋污染和生态灾害监测、分析、治理技术产品，开展溢油、赤潮、病害防治等海洋污染应急处置技术产品的应用推广；大力发展海洋环保产业技术，开发清洁生产、资源节约和环境友好的技术和产品，大力发展海水源热泵技术；集成应用海陆协调的环境污染治理、突发性污染事故生物治理等，为海洋渔业发展奠定环境基础。

6.3.2　海洋第二产业

山东省在海洋第二产业领域的科技力量也比较雄厚，有中国海洋大学、中国科学院海洋所、山东省海洋仪器仪表研究所等科研机构，海洋化工研究院、东营胜利油田、烟台来福士、中船重工研究所等行业龙头企业，有管华诗院士、高从堦院士、侯保荣院士、顾心怿院士等领衔的海洋生物医药、海水利用与海洋化工、海洋工程与防腐、海洋油气开采等科研团队，有国家海洋监测设备工程技术研究中心、国家海洋药物工程技术研究中心、国家海洋腐蚀防护工程技术研究中心、国家采油装备工程技术研究中心等国家级平台。近年来依托科技支撑，海洋第二产业快速发展，但也是问题颇多，针对存在问题，依托科研技术力量，以企业和科研院所为主导，研究机构为支撑，突破一批行业核心与关键共性技术，提升传统产业升级；同时，政府强化引导，企业为主体，培育战略性新兴产业发展，优化海洋第二产业内部结构。

海洋第二产业包括海洋油气业、海洋矿业、海洋盐业、海洋船舶工业、海洋化工业、海洋生物医药业、海洋工程建筑业、海洋电力业、海水利用业等。其中，海洋生物医药业、海洋船舶工业、海洋油气业、海洋化工业是山东省的主导产业，海洋工程建筑业、海水利用业、海洋电力业近年来也发展迅速。

6.3.2.1　产业瓶颈

海洋第二产业涉及产业类型多，不同行业的问题也存在差异。海洋生物医药产业是新兴产业也是当前大力发展的朝阳产业，但目前产业规模较小，除投入有待提高外，主要存在海洋天然产物的潜在药物价值有待开发等涉及药用资源和天然药物化学的科学问题，以及海洋药物研发周期长、先导化合物的设计及结构优化、提取分离技术、生产加工工艺等技术和创新问题；山东省海洋船舶工业主要存在数值模拟和物理模拟等理论科学研究支撑不足，原创、核心、关键技术缺乏导致国产化程度低，概念、基础、详细设计落后导致自主研发不足等技术和创新问题；海洋油气业的发展既有资源勘探等科学和技术问题，也有开采、运输装备等技术和创新问题；海洋化工业主要存在工艺落后、发展粗放、高端产品缺乏等技术和创新问题；此外还有海水利用业膜技术和泵技术落后、海洋电力业能量转换核心技术待突破等问题。

6.3.2.2　对策建议

（1）海洋生物与医药产业

① 科学层面。依托中国海洋大学山东省糖科学与糖工程重点实验室、海洋药物教育部重点实验室等基础研究平台，以及中国科学院上海药物研究所烟台分所等科研力量和海洋科考船队，开展海洋天然产物的调查和药用价值研究。

A. 药用海洋天然产物调查。搜集具备潜在药用价值的海洋天然产物，尤其是深海、极地等高压、高温、低温等极端环境海洋生物，开展深海、极地微生物及其基因的研究，建设潜在药用价值海洋天然产物资源库，为新药研发奠定资源基础。

B. 药化药理研究。应用高通量药物筛选技术进行大规模、高效率、有秩序、多模型、多靶点的活性筛选，有的放矢地对有生物活性及开发前景的海洋生物进行系统深入的化学、药理学、药效学、毒理学、药代动力学研究。

② 技术层面。发挥国家海洋药物工程技术研究中心、山东省溴系列医药

化工工程技术研究中心、山东省海藻多糖提取与应用工程技术研究中心、山东省海洋多不饱和脂肪酸工程技术研究中心等平台研发优势，开展海洋生物制品、医药功能材料研发。

A. 海洋生物酶制剂研发。以新型酶的研发、海洋新型酶产业化为主，开展蛋白质分离纯化层析介质的开发、海洋活性肽的研究、海洋酶的蛋白质工程及产物的后加工技术研究等。

B. 海洋生物材料研发。围绕海洋生物医用材料规模化生产体系建设，开展新型海洋生物医用材料、医用辅料及其他生物材料的研发。

③ 产业化层面。以海尔集团、黄海制药、烟台绿叶、明月海藻等涉海药企为主导，联合青岛海洋科学与技术试点国家实验室海洋药物创新团队，加强在脑血管、老年痴呆、抗艾滋病、抗帕金森病等领域的重要海洋药物的应用研究，加快壳聚糖止血愈创海绵、壳聚糖止血粉（新型医疗器械类产品）等的产业化。推动低温碱性蛋白酶、固定化过氧化氢酶、溶菌酶食品防腐抑菌剂等系列酶制剂的应用开发和推广。加大酶解产物在医药、保健、食品等领域的深度开发应用，推动农作物促生长剂、果蔬保鲜剂、饲料添加剂、降农药残留促作物生长叶面肥等系列产品的开发应用。发挥青岛大学海洋纤维新材料创新团队等人才优势，开展海藻资源新型材料研发。

A. 海洋药源与新药。通过现代生物技术手段，对产生生物活性物质的海洋生物进行人工养殖、细胞培养、发酵、生物合成等研究，解决药源问题并实现生物资源的可再生性利用；围绕抗癌药物、心脑血管药物、抗菌抗病毒药物、消化系统药物、泌尿系统药物、免疫调节作用药物等方面，开展大规模生物活性筛选以寻找和发现新药或新药先导化合物。

B. 先导化合物。加强海洋生物活性先导化合物的发现和优化，主要包括海洋活性化合物的高效快速筛选与发现，深海和极地海洋生物活性物质采集、分离、鉴定，海洋活性化合物的合成与结构优化，海洋活性糖类、肽类化合物的微量分离分析、修饰与合成，结构复杂的海洋活性天然产物的合成策略与方法研究，活性化合物构效关系研究与药物先导化合物的规模化制备等。

C. 医药材料。加快药用级材料研制，根据不同药物特性，提升药用材料品种和类型，提高适用范围。

D. 海洋生物制品与生物农药。大力开展蛋白质分离纯化层析介质的开发、海洋活性肽的研究、海洋酶的蛋白质工程及产物的后加工技术研究，推进新型酶的研发、海洋新型酶产业化。

E. 生物制剂。加快海洋寡糖生物农药、海藻寡糖饲料、海藻肥料、饲料添加剂、植物促生长剂等的规模化生产，同时构建产品质量标准体系。

F. 海藻资源新型材料研发。重点发展红藻和褐藻食物纤维在医疗卫生、印染纺织和日用化工领域的应用技术研究，以海藻纤维的开发为主攻目标，开发海洋纤维新材料和海洋纺织品，解决海藻纤维产业化和纺织深加工过程中的若干关键技术。

G. 水产品精深加工。推动海洋水产品加工、贮藏和运输等关键技术应用，加快环境友好型捕捞、现场深加工装备开发。加强海洋食品营养功效成分工业化高效分离、重组与改性，加快低值海洋水产品与水产加工副产物精深加工和综合利用。重点依托青岛、烟台、威海和日照大型加工企业，推动建立外向型加工生产基地和海洋食品安全保障与产业化基地。

（2）海洋油气矿产业

① 科学层面。发挥自然资源部中国地质调查局青岛海洋地质研究所海洋油气地质实验室、中国科学院海洋研究所海洋地质与环境重点实验室、自然资源部第一海洋研究所海洋地质过程与环境功能实验室、中国海洋大学海底科学与探测技术教育部重点实验室以及东营胜利油田油气地质研究等机构的学科优势，开展西北太平洋地质及资源潜力研究，开展资源地质勘探和调查，为油气矿产资源开采利用奠定理论基础。

A. 西北太平洋岩石圈演化动力学及资源潜力研究。建立西北太平洋地区陆洋岩石圈结构的精细格架；揭示西太平洋边缘海形成及演化的动力学机制、陆缘大型油气田的分布发育与边缘海演化的相关关系、前新生代海相残留盆地和新生代大陆边缘盆地的分布规律及其油气成藏机理与资源潜力。

B. 油气矿产资源与海洋调查。在山东省海区开展石油、天然气、煤矿资源、滨海矿砂地质勘探和调查，绘制大比例尺油气矿产资源现状图，围绕资源开发利用，评估海洋生态环境影响，为油气矿产资源开采利用奠定基础；同时围绕海洋权益、海洋划界、海岸带资源进行调查和勘测，提供技术支撑。

② 技术层面。依托国家采油装备工程技术研究中心、山东省海洋石油钻采装备工程技术研究中心、海洋油气开发与安全保障教育部工程研究中心等，建立海洋矿产资源高效、可持续开发技术体系，努力提升海洋石油、天然气开采利用效率，科学、合理、有序地开发海底煤炭资源，规范化开发滨海砂矿资源。

A. 石油天然气开采。研究海洋油气的勘探、钻探、开采、储运技术，发展相关设备研究、设计和制造技术；研究快速、有效、低成本的化探方法，发展可视技术，发展二次、三次采油技术，提高回采率；发展可拉长海洋石化工业产业链的整合衔接综合评价技术，加强符合循环经济理念的环保新技术引进和开发。

B. 煤炭资源勘探开采。重点挖掘山东龙口海滨矿区的海底煤炭资源潜力，发展海底煤炭资源高产稳产的工程化开发技术和安全监测技术，监测海水溃入和海底上部土体塌方，建立开采中突发灾害预警系统，深入研究覆岩运动规律，研究提高厚煤层综放安全开采技术水平。

C. 滨海砂矿资源开采。重点发展滨海砂矿选矿技术、资源评价技术、有序开发和利用技术。

③ 产业化层面。围绕油气矿产资源利用，以东营胜利高原、烟台杰瑞等集团为主体，开发先进、高效油气钻采装备。

A. 油气开采设备。重点发展采油工程导管架，引进、吸收转化海洋油气资源钻采设备，自主开发核心部件，逐渐掌握核心技术，研发、制造油气储运设备，提高油气开采设备国产化水平。

B. 滨海砂矿资源的有序利用装备。重点发展自动化、机械化、适用于水上或水下不同砂矿资源开发作业面的技术和装备，提高滨海砂矿资源的利用率。

（3）海洋装备制造业

① 科学层面。发挥青岛海洋科学与技术试点国家实验室、国家深海基地等新建平台优势，依托中国海洋大学等科研力量，围绕船舶与工程装备研发建造，开展海洋工程物理模拟和数值模拟研究，为研发设计建造提供理论支撑；发挥中国科学院声学研究所北海研究站、山东省仪器仪表研究所、国家深海基地、自然资源部中国地质调查局青岛海洋地质研究所、中国海洋大学等科研力量优势，围绕仪器仪表研发制造，开展海洋光学、声学研究，奠定仪器仪表研发地光学和声学基础。

A. 海洋工程装备数值模拟与物理模拟。强化海洋工程装备基础研究，依托青岛海洋科学与技术试点国家实验室建设，围绕工程模拟测试和模拟试验，建设室内大水槽和海上测试场。重点开展海洋工程装备领域的数值模拟和物理模拟，进行海洋动力系统、海洋地球物理、海洋生态环境、复杂工程结构计算与仿真等数值模拟和物理海洋、海洋工程、河口海岸动力、海洋地球物理、深海环境等物理模拟，为关键核心技术和共性技术的开发提供基础理论支持，提高海洋工程装备制造业虚拟仿真及综合集成研究能力。

B. 海洋声学和光学研究。依托中国科学院声学研究所北海研究站、山东省仪器仪表研究所、国家深海基地、自然资源部中国地质调查局青岛海洋地质研究所、中国海洋大学等科研力量和科研平台，围绕仪器仪表研发制造，开展海洋光学、声学研究，破解与声学和信号与信息处理技术相关的前瞻性科技难题与系统集成瓶颈，为仪器仪表研发奠定光学和声学基础。

② 技术层面。围绕船舶制造、仪器仪表、工程装备、油气平台等领域开展关键共性技术研发，力争掌握核心技术。

A. 水动力技术。开展船舶水动力性能设计和优化，包括阻力、推进、耐波性、稳定性、操纵性的预报与试验，线型推进器操纵与运动控制系统的设计。

研究波动力学技术，开展以水波为中心的海洋环境条件本身的机理、理论与数值分析手段和实验模拟技术，研究分析运动响应及受力，为深海开发装备设计提供直接指导。

开展深海系泊系统的特殊水动力学技术研究。研究影响系泊系统（立管系统）设计性能的海洋环境、浮体和缆索所受的环境作用力、缆索的组件成分和动力特性、布置形式、水深等多种复杂因素。开展深海系泊缆以及缆索（包括海洋立管）内部的负荷问题和环境条件问题分析，研究系泊结构物在风、浪、流等环境条件的张力变化，突破系泊结构的运动响应和系统的动力特性研究，提高海洋工程系泊系统的设计水平，保证系统的正常运行。

B. 性能与结构技术。建立船舶性能和结构数据库，开发船舶线型和综合性能快速优化设计系统，加强推进、操纵、减振、降噪和结构设计计算等技术研究，构筑产品开发平台；船舶模块化建造技术、大型船舶结构分析技术等现代造船技术和造船基础共性技术，开发模块化舾装、高效焊接、切割等船舶建造关键技术；开发并建立船舶与海洋工程装备设计阶段的"信息结构"，包括3D建模、数据库、虚拟环境/现实、仿真、并行设计等许多关键技术的虚拟设计技术等；深水浮式结构物性能与结构技术，包括总体和结构的设计分析技术，定位性能分析评估技术，安全性的分析评估、监测和检测技术，海洋工程结构物噪声关键共性技术。

C. 技术标准体系。开展船舶与工程装备技术标准研究，建立海洋船舶与工程装备技术标准体系。

③ 产业化层面。发挥山东省海洋仪器仪表研究所、中船重工研究所、来福士集团、中船重工、东营胜利油田、蓬莱京鲁渔业等船舶与海洋工程装备企业优势，以及山东省海洋监测设备产业技术创新综合院士工作站、海洋监测设备产业技术创新战略联盟，淘汰传统船舶与装备制造，向LNG运输船、工程船、深远海平台、新型远洋捕捞船以及海洋仪器仪表装备等高端产业"转调"，

提高装备制造国产化水平。

A. 海洋仪器仪表。围绕海洋观测设备、船用设备、深海探测设备，研发制造气象、灾害预报设备、军用设备、水下焊接设备、水下机器人等；以"蛟龙号"深海潜器的配套为契机，重点开展海洋声学仪器，开展声与振动控制、语音和音频信号处理、下一代网络等领域的仪器仪表研发。

B. 深海油气平台装备。围绕深海油气资源开发，大力发展深水半潜式钻井平台，深水钻井船、大型起重铺管船等工程作业船及 FPSO 等辅助船，抢占深海油气工程装备制造领域制高点。

C. 远洋捕捞船与设备。发展特色远洋渔业工程装备，重点开发大型超低温金枪鱼延绳钓船、大型金枪鱼围网船、南极磷虾捕捞船等适合我国远洋渔业生产需求的高性能远洋渔船。

D. 新型船舶。淘汰传统船舶，由散货船、集装箱船向 LNG 运输船、工程船、游艇、邮轮等高端船舶设计、制造"转调"，提高船舶制造附加值；研发建造海带收割机（船）等特殊船舶。

（4）海水利用业

① 科学层面。发挥山东矿产资源调查力量优势，探明卤水矿藏储量，开展评价与规划，为开发利用奠定基础。

A. 潮间带及近海地下卤水新资源勘探评价与开发。在潮间带环境演化背景与潮间带地下卤水形成机理研究的基础上，通过在潮间带钻孔和物理勘探，结合遥感图像分析，确定山东省地下卤水的分布规律与范围，评价潮间带地下卤水储量和可开采资源量，制定卤水储量勘探和科学开采方案。

B. 莱州湾地下卤水补偿机制。山东省是我国溴素的主产地，目前产量占全国的 95% 以上，主要得益于山东省莱州湾沿岸拥有独有的地下卤水资源。10 多年来，山东省地下卤水水位在迅速降低，品位逐步下降，主产区地下卤水的溴含量已经从 300 毫克/升下降到 200 毫克/升以下。研究地下卤水的形成、补偿机制，科学规划资源利用，是保持我国溴素资源稳定、确保山东省海洋盐化工业持续发展、保护生态环境的重要途径。

② 技术层面。依托山东省溴化技术及应用工程技术研究中心、山东省卤水资源综合利用工程技术研究中心等科研机构，开展沿海地下卤水资源可持续开发与综合利用关键技术研发。

研究地下卤水淡化与综合利用技术，开展液体盐制备技术研究，开发氯碱用精制盐水、纯碱用精制盐水、真空制盐用精制盐水成套产业化技术和装备。研究低溴含量卤水提溴新工艺并实现提溴装置的集成控制，进行新型溴系药物、高附加值溴系列医药中间体、高效溴系阻燃剂和高性能溴系列染料中间体等新型溴系列产物和新工艺的研究，海洋化工两碱废弃物综合利用技术和以化学肥料为主产品的苦卤综合利用技术，提高卤水资源综合利用效率，开发高技术含量、高附加值的海洋精细化工产品。

③产业化层面。依托山东默锐集团、山东招金膜天有限公司、山东双轮等科研机构与企业，开展海水淡化膜与泵等装备研制。

A. 反渗透海水淡化膜及组件制造。重点开展反渗透海水淡化膜及组件制备工艺与技术研究，包括涂布方式的研究与改造、在线检测技术的研发、自动卷膜机等硬件设施的研发，以提升海水淡化膜及组器的制造技术，提高产品的性能、均一性和稳定性；开发大口径和大开口海水淡化膜压力容器，实现海水淡化装置用玻璃钢压力容器技术升级。

B. 海水淡化泵。研制耐腐蚀、耐高压、抗污染海水淡化泵和能量回收装置，提高海水淡化效率。

（5）海洋新能源　能源短缺已成为当今世界亟待解决的难题，做好对海洋能开发的技术储备，合理开发利用海洋能对改善山东省能源供给结构和确保能源安全意义重大。山东在海洋物理能源、海洋微藻能源方面都走在了全国前列，有中国海洋大学、中国科学院青岛生物能源与过程研究所等科研机构，但目前海洋新能源均在科学和技术层面，尚未到工程创新层面，不能产业化。

①海洋物理能源

A. 科学层面。以中国海洋大学、中国科学院海洋研究所、自然资源部第一海洋研究所等科研机构为主体，开展海洋能源适宜调查与评价。

海洋能源资源调查与评价　加大海洋环境和水动力研究，加大对海浪、温差、潮汐的监测和分析，开展山东省海区海洋能源适宜性评价，为海洋物理能源开发利用提供资源本底数据。

B. 技术层面。突破关键核心技术，为规模化和产业化打破技术瓶颈，同时以斋堂岛特色海洋新能源建设为依托，进一步突出规模化和集成化的示范效应。

a. 波浪能发电。突破关键共性技术，包括波浪的聚集与相位控制技术；波能装置的波浪载荷及在海洋环境中的生存技术；波能装置建造与施工中的海洋工程技术；不规则波浪中的波能装置的设计与运行优化；往复流动中的透平研究等。

b. 潮流能发电。突破水轮机关键共性技术，推动潮流能小容量示范装置向大型化发展。加快海流发电的关键技术研发，包括安装维护、电力输送、防腐、海洋环境中的载荷与安全性能以及海流发电装置的固定形式和透平设计等。逐步提高水轮机性能，完善设计方法，扩大单机容量以及电力并网技术、电站群体化技术、急流和强风浪下水轮机、载体及锚泊系统运行可靠性与安全性。

c. 潮汐能发电技术。突破潮汐能发电关键技术，包括低水头、大流量、变工况水轮机组设计制造；电站的运行控制；电站与海洋环境的相互作用，包括电站对环境的影响和海洋环境对电站的影响，特别是泥沙冲淤问题；电站的系统优化，协调发电量、间断发电以及设备造价和可靠性等之间的关系；电站设备在海水中的防洪排淤、防生物附着和防腐等。

C. 产业化层面。以电力公司、中国海洋大学海洋工程学院等为主体，研制海洋能相关装备。例如，海洋能装备研制，即研制波浪能量转换装置，包括高效透平和发电机组的研制等。

② 海洋微藻能源

A. 科学层面。依托中国海洋大学、中国科学院青岛生物能源与过程研究所，开展富油藻种的收集、筛选和培育，为微藻能源研发奠定基础。

收集、筛选高含油量富油藻种，培育生长快、收率高、成本低的优良工程藻种，突破富油微藻藻种的大规模筛选和低成本微藻产物收集技术。

B. 技术层面。研制微藻培养、养成及能源产品收集与炼制产业化设备，开发生物柴油生产新工艺。

突破海洋植物油脂高效制备技术、微藻油脂加氢和脱氧双功能催化剂、微藻油脂脱氧与加氢耦合炼制技术以及绿色柴油精制技术等；突破微藻氢化酶氧耐受性技术、产氢光利用效率技术、微藻可持续产氢关键技术。

(6) 海洋工程防腐

① 科学层面。依托中国科学院海洋研究所开展物理和生物层面的腐蚀机理机制研究。

A. 海洋环境诱发腐蚀机制研究。重点研究海洋环境五个腐蚀区带（海洋大气区、浪花飞溅区、海水潮差区、海水全浸区和海底泥土区）诱发腐蚀机理，掌握腐蚀防护核心要素（光照、力学、化学、生物学、磨蚀等）。

B. 生物附着诱发腐蚀机制研究。重点开展不同海域海水环境工程设施上附着腐蚀微生物和污损生物，结合分子生物学、生态学等研究方法，分析附着腐蚀微生物和生物诱发典型海洋工程金属材料腐蚀机制，在分子水平阐明材料类型和表面物理化学性质对其附着过程分子水平调控机理的影响机制，总结材料类型、表面荷电性和润湿性对全浸区微生物腐蚀的影响规律，分析材料表面润滑特性对微生物附着及腐蚀过程的作用机制,揭示腐蚀微生物应答材料表面性质变化的分子机制,完善微生物腐蚀机理,建立腐蚀微生物优势种附着过程等数据库,为开发新型微生物腐蚀防护技术提供理论依据。

② 技术层面。发挥中国科学院海洋研究所侯保荣海洋工程防腐蚀团队力量,开展调查与评价。

A. 海洋工程腐蚀调查与评价。围绕山东省海洋工程安全,进行海洋工程防腐测算、评估,建立海洋工程防腐产业技术体系。

B. 五个腐蚀区带控制技术开发。针对处于海洋环境五个腐蚀区带(海洋大气区、浪花飞溅区、海水潮差区、海水全浸区和海底泥土区)的海洋工程(跨海大桥和海洋平台),在正确认识海洋环境诱发腐蚀机制和生物附着诱发腐蚀机制基础上,针对海洋环境腐蚀五个区带环境腐蚀特点,开发系统控制技术,对所研发的特种防腐技术进行实验室评价、实海试验以及工程示范应用对比,进行经济可行性分析;制定防腐技术性能检测规范、现场施工质量规范、现场质量检测规范,形成一套先进的防腐设计规范和质量管理体系。

③ 产业化层面。依托中国科学院海洋研究所、海洋化工研究院、双瑞集团等科研和工程力量,研制高效防腐海洋涂料与功能材料等。

研制高效防腐海洋涂料与功能材料,开发海洋工程防腐蚀专用材料,推广阴极保护技术,扩大新型功能涂料和各类防腐技术在军工、海洋石油平台、船舶、海洋工程的应用。

6.3.3 海洋第三产业

海洋第三产业包括海洋交通运输业,滨海旅游业,海洋科学研究、教育、社会服务业等。山东省海洋交通运输业发达,有青岛港为首的综合性港口,日照石臼港资源运输港口,石岛港等大型渔港;山东省滨海旅游更是在全国前列,山东半岛海岸线长 3 121 千米,占全国海岸线的六分之一,居全国第二,有"一洲二带三湾四港五岛群",海岸带自然资源丰富,文化历史璀璨,奠定了良好的旅游业发展基础;海洋科研教学机构众多,科学研究技术研发力量雄厚,有着良好的海洋科技服务业、教育业发展基础。在海洋第三产业中,要着重发挥山东省海洋科技优势力量,推动海洋专业技术服务中的海洋测绘服务、海洋检测技术服务、海洋开发评估服务等,海洋工程技术服务中的海洋工程勘察设计,海洋信息服务中的海洋卫星遥感服务、海洋电信服务、海洋数据处理和存储服务、海洋信息技术咨询服务等,海洋地质勘查中的海洋矿产地质勘查、海洋工程地质调查与勘查、海洋环境地质调查与勘查、河口水文地质调查与勘查、海洋地质勘查技术服务等；海洋环境监测预报减灾服务中的海洋环境监测服务、海洋环境预报服务、海洋减灾服务等，海洋生态环境保护中的海洋生态保护、海洋环境治理、海洋生态修复等。通过海洋科技服务业发展，为海洋一产和二产提供技术支撑和保障，推动一产和二产结构升级和优化，同时海洋科技服务业的发展会加强海洋资源和环境保护、改善海洋生态环境质量，从而为滨海旅游业发展奠定基础。

海洋第三产业包括海洋交通运输业，滨海旅游业，海洋科学研究、教育、社会服务业等。这几个产业都是山东省的优势产业，尤其是海洋科技服务业。

6.3.3.1　产业瓶颈

近年来，山东省滨海旅游业快速发展，但是也存在着岸线资源破坏、生态灾害频发等问题，其解决和出路本质上要依靠海洋科技服务业的发展来支撑；山东省海洋科技服务业发达源于山东省的海洋科技资源优势突出，但是可以看到山东省海洋科技资源的最大优势在于其科学优势，主要是基础研究和公益研究。

6.3.3.2　对策建议

（1）海洋科技服务业　发挥科技资源优势，做大、做强科技服务业发展。科技服务业众多内容在海洋一产和二产中已有布局和论述，如海洋环保等重复内容不再论述。

① 海洋资源勘测与调查。发挥自然资源部中国地质调查局青岛海洋地质研究所、中国海洋大学、自然资源部第一海洋研究所、中国科学院海洋研究所等资源调查优势，进行海洋资源勘测与调查，绘制大比例尺地图，为海洋权益、海洋划界提供服务，为海洋资源评价、规划、开发利用提供资源本底数据，同时为社会提供海洋测绘、海洋开发评估等服务。

② 海洋信息服务。依托自然资源部北海局、自然资源部第一海洋研究所、青岛海洋科学与技术试点国家实验室和各级气象局等单位，利用海洋卫星遥感、海洋电信、计算机系统，为社会提供海洋气象、海洋环境、海洋灾害、海洋通信、海洋数据处理和存储等服务，保障海洋渔业、海上作业与交通、滨海群众工作生活的安全运行。

③ 海洋技术成果转移转化服务。发展各类涉海技术（产权）交易市场体系和不同技术交易模式，促进海洋科技成果加速转移转化。加快建设青岛国家海洋技术交易服务与推广中心、烟台国家级海洋科研成果转化基地，依托山东省科技成果转化服务平台数据库和山东省海洋科技成果数据库，构建完善山东省海洋科技成果转化、技术转移服务网络系统；加快建设国家海洋技术转移中

心，重点开展国家海洋技术交易市场、国际转移平台、海洋科技成果转化基金、海洋特色产业化基地等建设工作，打造国家级海洋技术转移交易平台，建成面向全球的国家海洋技术交易市场，将青岛建设成为国家海洋科技成果转化、技术转移的核心区。

④ 海洋检验检测认证服务。围绕海洋产业发展需求，加快发展水产品、海洋工程与船舶、生态环境保护等海洋第三方检验检测认证服务。大力发展水产品检验检测服务业，为水产品对外贸易和国内食品安全需要提供服务；加快建设青岛国家海洋设备质检中心，开展海洋设备综合检测、水下设备检测、海洋工程及船舶电缆和脐带电缆检测，为山东半岛蓝色经济区和全国海洋装备制造企业的产品研发、质量保证和国内外市场准入提供权威检测和技术支持服务；充分依托高校和科研院所的生命、环境、化工等领域实验室平台，开展海洋生态环境有关检测、监测、评价等科技服务。

⑤ 海洋科技金融服务。支持海洋科技成果的保险、担保、质押、入股等科技金融服务，发展海洋技术产业化过程的风险投资等各类融资模式。继续支持山东省科技融资担保有限公司为代表的科技金融类企业设立和发展，鼓励沿海各市根据自身情况设立区域性海洋科技融资担保公司，开展知识产权、著作权等科技资源的融资担保，为进入产业化初期、技术经过中试验证、产品初具模型的科技型中小企业提供融资服务。

（2）滨海旅游业　大力发展滨海旅游业，在传统业态基础上，着力发展邮轮、游艇、帆板、帆船、渔家乐、海岛游、海洋科技观光与体验等新型旅游业态。

（3）交通运输业　推动山东省港口业务与管理的数字化、网络化、集成化，加快数字港、电子港、信息港建设，通过科技创新打造港口核心竞争力，推进山东省港口建设向三代港口迈进。建设港口物流链，构建区域性物流公共信息平台，实现港口与海关、国检、船公司、货代等众多相关方的数据共享，加快发展海铁联运，推进国家集装箱海铁联运物联网应用示范；不断强化互联网创新思维，大力开展港口装卸智能化、现代物流及电子商务、港口现代管理等信息化建设，全力打造大数据信息港口，打造世界领先的智慧型港口。

6.4　主要保障措施

充分保障科学、技术、产业化三个层面的任务布局，根据《中共中央 国务院关于深化体制机制改革加快实施创新驱动发展战略的若干意见》有关"按照市场化原则研究设立国家新兴产业创业投资引导基金,带动社会资本支持战略性新兴产业和高技术产业早中期、初创期创新型企业发展"的要求,以及国务院出台的《关于加快科技服务业发展的若干意见》,设立"山东省海洋成果转化与技术转移专项基金"(下称"专项基金")和"山东海洋科技创新服务平台",利用基金撬动社会多元化投资,配套衔接国家和省重大项目的研究成果转化,培育新的经济增长点;利用平台推动创新资源与信息共享,承接政府部门委托的服务和中介功能,用市场化模式着力推动海洋技术转移、海洋成果转化、海洋产学研结合与海洋新兴产业发展,做大做强海洋科技服务业。

6.4.1 深化科技投入改革,提供产业升级制度保障

按照国家科技体制机制改革要求,依据《中共中央 国务院关于深化体制机制改革加快实施创新驱动发展战略的若干意见》和《深化中央财政科技计划(专项、基金等)管理改革》等文件精神,建立公益性政府主导、市场性企业主导,基础研究有保障、应用研究有活力的科技投入机制和激励创新的科研经费制度。

在科学层面,通过部省联合基金、财政计划等,面向基础研究和公益研究,以政府财政投入为主,接受社会资金捐助,政府科技部门整合科技计划和资源,主导基础性、战略性、前沿性科学研究和重大共性技术研究。

在技术开发层面,以政府投资为引导,吸收社会资金参与,驱动社会投资,以山东海洋科技创新服务平台为载体,通过专项基金承接国家省科技计划下游领域,补位政府财政空白,推动成果转化,孵化技术企业。

在产业化层面,以企业为主导,企业先期投资推动产品、工艺创新,政府进行后期补贴,并重点支持以产业技术创新战略联盟为平台的科技创新项目。

6.4.2 强化创新平台建设,推进产业结构升级

加快行业科技创新平台建设,加大工程(技术)研究中心、企业技术中心、企业重点实验室、协同创新中心等平台在海洋领域的布局,利用专项基金,支持各科技创新平台建设,提升企业创新能力。

推动海洋领域山东省工程技术研究中心、技术创新战略联盟、山东省院士工作站、企业研发中心等科技创新平台资源的集成与共享,建设山东海洋科技创新服务平台,集成成果转化、技术转移、战略研究、科技中介服务管理等多种功能,将山东海洋科技创新服务平台建设成为技术转移和科技成果转

化基地。

同时，努力促进产业技术创新战略联盟发展，重点加快联盟法人制度建设，推动联盟成为技术创新实体，带动行业转型升级。

6.4.3 贯彻落实国家政策，推动海洋科技服务业发展

根据国务院出台的《关于加快科技服务业发展的若干意见》，重点推动研究开发、技术转移、检验检测认证、创业孵化、知识产权、科技咨询、科技金融、科学技术信息集成与共享，提升科技服务业对科技创新和产业发展的支撑能力。海洋科技产业具有高风险、高投入、高产出等特性，基于科技服务业发展要求和海洋产业发展需求，依托山东省海洋科技资源优势，通过基金、各类财政计划项目以及山东海洋科技创新服务平台，重点推动海洋研究开发、海洋技术成果转移转化、海洋检验检测服务与认证、海洋知识产权、海洋科技金融等海洋科技服务业发展。

6.4.4 加强人才队伍建设，鼓励科技型创新创业

针对山东省海洋科技人才"五多五少"特点，通过专项基金支持的成果转化和技术转移项目，培养和引进海洋高技术研究、技术开发和工程技术人才；通过山东海洋科技创新服务平台，搭建人才国内与国外、科研机构与企业的交流渠道，推动创新人力要素流动。

以人为本，鼓励"万众创新、大众创业"。通过专项基金支持创业项目，鼓励涉海高校、科研院所和科技人员，适应社会需求，进行体制机制改革，参与涉海经济活动，开办技术型企业；通过山东海洋科技创新服务平台，鼓励研发人员持科研成果入股、技术入股或创新创业，取得合法劳动收入；鼓励科研人员进行兼职，依法参与社会经济活动。

6.4.5 加强知识产权保护，建设利益共享机制

加强海洋知识产权保护，构建后补助和奖励政策。一是加大知识产权保护力度，实施专利产业化促进政策，对蓝色经济区支柱产业或新兴产业培育具有巨大促进作用、能迅速实现产业化的重大专利，给予一定补助和奖励；二是高新技术产业促进政策，对专利工作突出和获得高新技术称号企业，以及建立国家级创新平台的企业给予一定奖励；三是科技成果产业化成效显著的，按照一定比例给予奖励；四是列入省自主创新产品目录的，在政府采购方面给予优惠，对于首次投向市场的自主创新产品，可实行政府首购制度。

建立利益共享机制，对依托专项基金支持的项目，通过山东海洋科技创新服务平台代表政府参与成果持有；对于支持的创业项目和企业，建立回馈反哺机制，鼓励并优先接收受支持企业参与专项基金注资，保障专项基金的持续运转。

6.4.6 加大财税优惠力度，构建科技产业融合环境

山东省海洋新兴产业规模不大，高新技术企业成长相对缓慢，紧密围绕科技支撑产业、产业融合科技，创新传统产业转型升级、新兴产业培育培植、技术型企业加大扶持以及技术引进与合作，制定有利于科技创新、产业发展的政策措施。

金融财税政策方面，仅在高新区内和通过认定的高新技术企业实行一定的财税优惠政策，没有专门面向海洋领域的扶持政策。综合目前我国实行的有关科技优惠政策，比照上海浦东新区、天津滨海新区和重庆两江新区等区域，制定《海洋技术型企业扶持管理办法》，组织实施海洋技术性企业认定，对于区内取得海洋技术型企业认定资格的企业，享受金融和税收的有关优惠政策。

制定税收减免政策，鼓励涉海高校、科研院所进行体制机制改革，适应社会需求，参与涉海经济活动，开办技术型企业；鼓励研发人员持科研成果入股、技术入股或创新创业，取得合法劳动收入；鼓励科研人员进行兼职，依法参与社会经济活动。

加快构建政产学研金融合发展的保障体系。一是自主创新能力促进政策。重点发展的涉海支柱产业和重点培育的海洋新兴产业，由企业与高校及科研院所共同承担的国家和省级以上科技项目，可按一定比例配套补助。二是专利产业化促进政策。对蓝色经济区支柱产业或新兴产业培育具有巨大促进作用、能迅速实现产业化的重大专利，给予一定补助和奖励。三是高新技术产业促进政策。对高新技术企业、建立省级创新平台的企业上市及再融资，可按投资总量一定比例给予奖励。四是科技成果产业化成效显著的，按照一定比例给予奖励。列入省自主创新产品目录的，在政府采购方面给予优惠；首次投向市场的自主创新产品，可实行政府首购制度。

7 结论与展望

7.1 研究总结

    本研究根据当前我国创新驱动发展和海洋经济转型升级发展的新形势和新需求，围绕海洋科技创新促进海洋产业结构优化升级主题，基于海洋科技创新要素，科学分析山东省海洋产业结构现状与演化趋势，建立科学分析模型，评估海洋科技创新对海洋产业结构优化升级的影响，从海洋产业结构优化升级的科技需求出发，合理规划、盘活、有效利用科技创新资源的存量与增量，提出海洋产业结构优化升级的科技对策建议，为推动海洋产业持续发展提供理论指导和实证研究。通过研究，主要得出以下结论：

    ① 目前山东省海洋产业结构的变动趋势与今后产业结构的合理化区间存在着较大的差距，按照现有的海洋产业发展水平，在"十三五"期间，山东省海洋产业结构很有可能无法达到较为合理的水平区间，因此需要对山东省海洋产业结构调整进行积极有效的引导与推动。

    ② 海洋科技创新在山东省海洋产业结构优化升级过程中发挥着正向的推动作用，仅就可量化的海洋科技人力资源投入、海洋科技物质投入和海洋科技创新成果要素分析，均对山东省海洋产业结构的优化升级发挥了一定的作用，但直接作用较为有限，仍然具有较大的提升空间，需要综合创新平台、体制机制、政策环境、科技金融等"政产学研金"多方面的科技因素，推动海洋产业结构优化升级。

    ③ 山东省海洋科技资源优势突出，但结构性问题突出。优势主要集中在基础研究和公益研究，不利于直接推动海洋产业结构优化升级，但在新的时代发展背景和要求下，需要以新的视角、理念来认知山东省海洋科技资源的这种优势，更加注重其在海洋生态文明建设、海洋公益性服务、科技服务业发展等方面的重要作用。而这些方面恰恰是今后新兴产业的发展方向，也是海洋产业结构优化的重要路径。

    本书在研究过程中仍存在一些不足：一是由于现行科技统计方面的数据不够连续和系统，尤其是海洋科技创新平台等科技要素种类繁多且不易量化和指标化，因此在定量评价海洋科技对产业结构的作用方面，科技指标选取较少；

二是仅按照国民经济分类研究分析了海洋一、二、三产业结构的变化，没有继续深入研究海洋渔业、海洋船舶工业、海洋化工业、海洋生物医药业等二级分类产业的结构变化，因此，会导致针对海洋细分行业发展的科技对策设计不够精准；三是由于科技改革导致部分科技数据统计发生变化，因此有关海洋科技创新内容的数据存在使用年份不统一的问题。

7.2　研究展望

通过对研究过程的回顾和检讨，作者认为以下几个方面有待于进一步研究：①山东省海洋科技的科学优势，有待进一步系统评价，通过定量研究，分析海洋科学研究在生态环境、产业安全、技术突破等方面的影响和作用；②海洋科技对产业结构优化的作用评价，有待增加海洋科技指标，今后需要完善此部分工作，提高本书参考价值；③海洋渔业、海洋船舶工业、海洋化工业、海洋生物医药业等二级分类产业的结构变化分析，有待继续研究，以提高产业科技政策的针对性和有效性。

附　　录

附录1　山东省海洋领域院士名单

姓名	类别	当选时间	工作单位	研究领域
文圣常	中国科学院院士	1993	中国海洋大学	物理海洋
冯士笮	中国科学院院士	1997	中国海洋大学	物理海洋、环境海洋学
胡敦欣	中国科学院院士	2001	中国科学院海洋研究所	物理海洋
郑守仪	中国科学院院士	2001	中国科学院海洋研究所	海洋生物
穆穆	中国科学院院士	2007	中国科学院海洋研究所	大气物理
吴立新	中国科学院院士	2013	中国海洋大学	物理海洋
宋微波	中国科学院院士	2015	中国海洋大学	海洋生物
丁德文	中国工程院院士	1994	自然资源部第一海洋研究所	海洋生态与环境科学
管华诗	中国工程院院士	1995	中国海洋大学	海洋药物
高从堦	中国工程院院士	1995	中国海洋大学	海洋化学
李庆忠	中国工程院院士	1995	中国海洋大学	石油地球物理勘探
袁业立	中国工程院院士	1995	自然资源部第一海洋研究所	物理海洋
赵法箴	中国工程院院士	1995	中国水产科学研究院黄海水产研究所	海水养殖
顾心怿	中国工程院院士	1995	胜利油田钻井工艺研究院	石油矿业机械
张福绥	中国工程院院士	1999	中国科学院海洋研究所	海洋生物
唐启升	中国工程院院士	1999	中国水产科学研究院黄海水产研究所	海洋渔业资源与生态学
沈忠厚	中国工程院院士	2001	中国石油大学（华东）	石油工程
侯保荣	中国工程院院士	2003	中国科学院海洋研究所	海洋化学
方国洪	中国工程院院士	2007	自然资源部第一海洋研究所	物理海洋
麦康森	中国工程院院士	2009	中国海洋大学	海水养殖

附录2 山东省承担的"973"计划和重大科学研究计划项目名单

项目类别	项目名称	首席承担单位
"973"计划	海水重要养殖生物病害发生和抗病力的基础研究	中国科学院海洋研究所
	东海、黄海生态系统动力学与生物资源可持续利用	中国水产科学研究院黄海水产研究所
	中国近海环流形成和变异机理、数值预测方法及对环境影响的研究	自然资源部第一海洋研究所
	中国边缘海的形成演化及重要资源的关键问题	中国科学院海洋研究所/自然资源部第二海洋研究所
	我国近海有害赤潮发生的生态学、海洋学机制及预测防治	中国科学院海洋研究所/自然资源部第一海洋研究所
	中国典型河口-近海陆海相互作用及其环境效应	中国海洋大学/华东师范大学
	糖生物学与糖化学-特征糖链结构与功能及其调控机制	中国海洋大学
	中国东部陆架边缘海海洋物理环境演变及其环境效应	中国海洋大学
	我国近海生态系统食物产出的关键过程及其可持续机理项目	中国水产科学研究院黄海水产研究所
	重要海水养殖动物病害发生和免疫防治的基础研究	中国科学院海洋研究所
	北太平洋副热带环流变异及其对我国近海动力环境的影响	中国海洋大学
	我国近海藻华灾害演变机制与生态安全	中国科学院海洋研究所
	养殖贝类重要经济性状的分子解析与设计育种基础研究	中国科学院海洋研究所
	我国陆架海生态环境演变过程、机制及未来变化趋势预测	中国海洋大学
	中国近海水母暴发的关键过程、机理及生态环境效应	中国科学院海洋研究所
	海水养殖动物主要病毒性疫病暴发机理与免疫防治的基础研究	中国科学院海洋研究所
	热带太平洋海洋环流与暖池的结构特征、变异机理和气候效应	中国科学院海洋研究所
	典型弧后盆地热液活动及其成矿机理	中国科学院海洋研究所
	养殖鱼类蛋白质高效利用的调控机制	中国海洋大学
	南海关键岛屿周边多尺度海洋动力过程研究	中国海洋大学
	近海环境变化对渔业种群补充过程的影响及其资源效应	中国水产科学研究院黄海水产研究所
	超深渊生物群落及其与关键环境要素的相互作用机制研究	国家深海基地管理中心

（续）

项目类别	项目名称	首席承担单位
重大科学研究计划	南大洋-印度洋海气过程对东亚及全球气候变化的影响	自然资源部第一海洋研究所
	太平洋印度洋对全球变暖的响应及其对气候变化的调控作用	中国海洋大学
	全球变暖下的海洋响应及其对东亚气候和近海储碳的影响	中国科学院海洋研究所
	西北太平洋多尺度变化过程、机理及可预测性	中国海洋大学
	大气物质沉降对海洋氮循环与初级生产过程的影响及其气候效应	中国海洋大学
	北极海冰减退引起的北极放大机理与全球气候效应	中国海洋大学
	全球变暖背景下南极绕极流区的子午向环流的变化及其气候效应	中国海洋大学

附录3　国家级与省级工程技术研究中心列表

海洋领域国家工程技术研究中心

序　号	中心名称	依托单位
1	国家海洋药物工程技术研究中心	中国海洋大学，青岛华海制药厂
2	国家海藻工程技术研究中心	山东东方海洋科技股份有限公司
3	国家海洋监测设备工程技术研究中心	山东省科学院海洋仪器仪表研究所
4	国家海产贝类工程技术研究中心	寻山集团有限公司
5	国家海洋腐蚀防护工程技术研究中心	中国科学院海洋研究所
6	国家采油装备工程技术研究中心	胜利油田高原石油装备有限责任公司

山东省海洋领域省级工程技术研究中心

序　号	名　称	依托单位
1	山东省船舶工程技术研究中心	山东省黄海造船有限公司
2	山东省荷电膜工程技术研究中心	山东天维膜技术有限公司
3	山东省溴化技术及应用工程技术研究中心	山东天一化学有限公司 山东省海洋化工科学研究院
4	山东省溴化物工程技术研究中心	山东海王化工股份有限公司

（续）

序 号	名 称	依托单位
5	山东省溴系列医药化工工程技术研究中心	寿光富康制药有限公司
6	山东省玻璃钢船艇工程技术研究中心	威海中复西港船艇有限公司
7	山东省海洋石油钻采装备工程技术研究中心	山东科瑞控股集团有限公司
8	山东省卤水资源综合利用工程技术研究中心	山东默锐化学有限公司
9	山东省阻燃剂开发及应用工程技术研究中心	潍坊天宁化工有限公司
10	山东省循环水养殖工程技术研究中心	莱州明波水产有限公司
11	山东省盐生植物工程技术研究中心	山东师范大学
12	山东省海洋生化工程技术研究中心	自然资源部第一海洋研究所
13	山东省海藻加工工程技术研究中心	山东省洁晶集团股份有限公司
14	山东省高岛海珍品无公害养殖工程技术研究中心	威海高岛盐场、文登水产研究所
15	山东省海水渔用饲料工程技术研究中心	山东省海洋水产研究所
16	山东省天源大菱鲆工程技术研究中心	烟台开发区天源水产有限公司、中国水产科学研究院黄海水产研究所
17	山东省海参工程技术研究中心	山东东方海洋科技股份有限公司
18	山东省海洋功能食品加工工程技术研究中心	好当家集团有限公司
19	山东省鱼类加工食品工程技术研究中心	山东美佳集团有限公司
20	山东省海洋食品工程技术研究中心	中国海洋大学
21	山东省海岸带环境工程技术研究中心	中国科学院烟台海岸带研究所
22	山东省海水健康养殖工程技术研究中心	山东省海水养殖研究所
23	山东省船舶设计与装备工程技术研究中心	哈尔滨工业大学（威海）
24	山东省海洋船舶防污工程技术研究中心	哈尔滨工业大学（威海）
25	山东省海洋工程装备数字化设计制造工程技术研究中心	乳山市造船有限责任公司

（续）

序　号	名　　称	依托单位
26	山东省耐盐碱绿化树种工程技术研究中心	东营菁华现代林业发展有限公司
27	山东海洋贝瓷工程技术研究中心	山东珍贝瓷业有限公司
28	山东省淤泥质海岸工程技术研究中心	山东河海水力插板工程有限责任公司
29	山东省无卤阻燃剂工程技术研究中心	山东兄弟科技股份有限公司
30	山东省海洋保健食品工程技术研究中心	泰祥集团
31	山东省船用滤清器工程技术研究中心	淄博永华滤清器制造有限公司
32	山东省海藻多糖提取与应用工程技术研究中心	青岛明月海藻集团有限公司
33	山东省鲆鲽鱼类苗种工程技术研究中心	海阳黄海水产有限公司
34	山东省浅海生态渔业工程技术研究中心	山东海益宝水产股份有限公司、山东省海洋水产研究所
35	山东省海洋食品安全检测仪器工程技术研究中心	烟台海诚高科技有限公司
36	山东省水产品加工酶技术利用工程技术研究中心	山东荣信水产食品集团股份有限公司
37	山东省海洋绿色盐化工工程技术研究中心	汇泰投资集团有限公司
38	山东省海洋多不饱和脂肪酸工程技术研究中心	山东禹王制药有限公司
39	山东省船电工程技术研究中心	德州恒力电机有限公司
40	山东省海底深部生态采金工程技术研究中心	山东黄金集团有限公司
41	中国科学院海洋生物技术研发中心	中国科学院海洋研究所
42	海水养殖教育部工程研究中心	中国海洋大学
43	海洋材料与防护技术教育部工程研究中心	中国海洋大学
44	海洋油气开发与安全保障教育部工程研究中心	中国海洋大学
45	海洋信息技术教育部工程研究中心	中国海洋大学
46	海洋环境混凝土技术教育部工程中心	青岛理工大学
47	自然资源部海洋遥测技术创新中心	自然资源第一海洋研究所

山东省海洋产业结构优化升级的科技创新研究

附录4　山东省海洋领域获奖成果统计

"十一五"期间山东省海洋领域获奖成果统计

	最高奖	一等奖			二等奖			三等奖			国际科技合作奖	合计
		自然科学奖	技术发明奖	科技进步奖	自然科学奖	技术发明奖	科技进步奖	自然科学奖	技术发明奖	科技进步奖		
国家科学技术奖			1	1	1	4	16					23
山东省科学技术奖	2	2		8	4	4	24	2	2	37	2	87
国家海洋局海洋创新成果奖		16			71							87
教育部高校科技奖		7	2	5	4	1						19
国土资源部科技奖					9							9
农业部神农中华农业科技奖		1			2			8				11
青岛市科学技术奖	3		10		6	1	20	4	2	15	3	64
合计	5	53			167			70			5	300

附录5　山东省海洋领域院士工作站

序　号	院士工作站名称	承建企业	进站院士
1	山东省福瑞达医药集团院士工作站	山东福瑞达医药集团公司	中国工程院院士管华诗
2	山东省宝荣水产科技院士工作站	青岛市宝荣水产科技发展有限公司	中国工程院院士赵法箴
3	山东省宏泰防腐院士工作站	淄博宏泰防腐有限公司	中国工程院院士侯保荣
4	山东省天源水产院士工作站	烟台开发区天源水产有限公司	中国工程院院士唐启升 中国工程院院士雷霁霖
5	山东省明波水产院士工作站	莱州明波水产有限公司	中国工程院院士雷霁霖
6	山东省好当家海洋发展院士工作站	山东好当家海洋发展股份有限公司	中国工程院院士赵法箴 中国工程院院士管华诗
7	山东省寻山集团院士工作站	寻山集团有限公司	中国工程院院士唐启升
8	山东省泰祥水产食品院士工作站	荣成泰祥水产食品有限公司	中国工程院院士管华诗

· 124 ·

（续）

序号	院士工作站名称	承建企业	进站院士
9	山东省东营大学科技园院士工作站	东营市大学科技园发展有限责任公司	中国工程院院士顾心怿
10	山东省科耀化工院士工作站	山东科耀化工有限公司	中国工程院院士侯保荣
11	山东省默锐化学院士工作站	山东默锐化学有限公司	中国工程院院士高从堦
12	山东省百佳（友发）水产院士工作站	山东省百佳水产有限公司、山东省友发水产有限公司	中国工程院院士雷霁霖
13	山东省黄海水产院士工作站	海阳市黄海水产有限公司	中国工程院院士唐启升
14	山东省海益宝水产院士工作站	山东海益宝水产股份有限公司	中国工程院院士管华诗
15	山东省大地盐化集团院士工作站	山东大地盐化集团有限公司	中国工程院院士侯保荣
16	山东省京鲁渔业院士工作站	蓬莱京鲁渔业有限公司	中国工程院院士管华诗 中国工程院院士赵法箴
17	山东省金牌饲料院士工作站	威海金牌饲料有限公司	中国工程院院士麦康森
18	山东省开航水产院士工作站	日照开航水产有限公司	中国工程院院士赵法箴
19	山东省日照水产研究院士工作站	山东省日照市水产研究所	中国工程院院士雷霁霖
20	山东省华伟银凯建材科技院士工作站	山东华伟银凯建材科技股份有限公司	中国工程院院士侯保荣
21	山东省日照港集团院士工作站	日照港集团有限公司	中国工程院院士王如松 中国工程院院士侯保荣
22	山东省高新生物园院士工作站	潍坊高新生物园有限公司	中国工程院院士唐希灿
23	山东省蓝色海洋科技院士工作站	山东蓝色海洋科技股份有限公司	中国工程院院士侯保荣
24	山东省海斯摩尔生物科技院士工作站	海斯摩尔生物科技有限公司	中国工程院院士蒋士成
25	山东省迪恩特新材料院士工作站	青岛迪恩特新材料科技有限公司	中国工程院院士侯保荣

（续）

序 号	院士工作站名称	承建企业	进站院士
26	山东省富康制药院士工作站	寿光富康制药有限公司	中国工程院院士陈冀胜
27	山东省新大高科生物院士工作站	山东新大高科生物有限公司	中国工程院院士李连达
28	山东省卫康生物医药院士工作站	山东卫康生物医药有限公司	中国科学院院士郑守仪
29	山东省潍坊新海院士工作站	潍坊新海投资发展有限公司	中国工程院院士麦康森
30	山东省聚大洋海藻工业院士工作站	青岛聚大洋海藻工业有限公司	中国工程院院士管华诗
31	山东省海丰水产养殖院士工作站	昌邑市海丰水产养殖有限责任公司	中国工程院院士赵法箴
32	山东省七好生物科技院士工作站	青岛七好生物科技有限公司	中国工程院院士麦康森
33	山东省荣成宏业院士工作站	荣成宏业实业有限公司	中国工程院院士唐启升
34	山东省明月海藻集团院士工作站	青岛明月海藻集团有限公司	中国工程院院士束怀瑞
35	山东省海之宝海洋科技院士工作站	山东海之宝海洋科技有限公司	中国科学院院士焦念志
36	山东省卤水精细化工产业技术创新综合院士工作站	山东默锐科技有限公司	中国工程院院士郑绵平 中国工程院院士高从堦 中国科学院院士冯守华 中国科学院院士赵进才
37	山东省海参产业技术创新综合院士工作站	好当家集团有限公司	中国工程院院士管华诗 中国工程院院士赵法箴 中国工程院院士雷霁霖
38	山东省海洋监测设备产业技术创新综合院士工作站	山东省科学院海洋仪器仪表研究所	中国科学院院士胡敦欣 中国工程院院士侯保荣 中国工程院院士袁业立 中国工程院院士丁德文
39	山东省生物基能源与材料化学品产业技术创新综合院士工作站	中国科学院青岛生物能源与过程研究所	中国工程院院士陈立泉 中国科学院院士焦念志 中国工程院院士欧阳平凯 中国工程院院士任南琪

附录6　山东海洋领域产业技术创新战略联盟

序　号	联盟名称	理事长单位	备　注
1	卤水精细化工产业技术创新战略联盟	山东默锐化学有限公司	国家试点联盟 省级示范联盟
2	海参产业技术创新战略联盟	好当家集团有限公司	国家试点联盟 省级示范联盟
3	海洋监测设备产业技术创新战略联盟	山东省科学院海洋仪器仪表研究所	国家试点联盟 省级示范联盟
4	海洋防腐蚀产业技术创新战略联盟	中国科学院海洋研究所	省级示范联盟
5	循环水养殖产业技术创新战略联盟	莱州明波水产有限公司	省级示范联盟
6	现代海水养殖产业技术创新战略联盟	寻山集团有限公司	省级示范联盟
7	海洋化工及石化盐化一体化产业技术创新战略联盟	山东海化集团有限公司	省级示范联盟
8	优势海洋生物资源高值化利用产业技术创新战略联盟	中国科学院烟台海岸带研究所	省级示范联盟
9	微藻产业技术创新战略联盟	中国海洋大学	省级示范联盟
10	藻类生物技术与过程工程产业技术创新战略联盟	中国科学院青岛生物能源与过程研究所	
11	海洋生物制品产业技术创新战略联盟	乳山正洋食品（集团）有限公司	
12	日照海洋食品加工产业技术创新战略联盟	日照市水产集团总公司	
13	日照海藻加工产业技术创新战略联盟	山东洁晶集团有限公司	
14	日照水产养殖技术创新战略联盟	日照市水产研究所	
15	鱿鱼深加工产业技术创新战略联盟	蓬莱京鲁渔业有限公司	
16	鲆鲽类产业技术创新战略联盟	烟台开发区天源水产有限公司	
17	水产品加工产业技术创新战略联盟	中国海洋大学	
18	海藻产业技术创新战略联盟	山东海之宝海洋科技有限公司	
19	青岛市海水养殖种苗产业技术创新战略联盟	中国水产科学研究院黄海水产研究所	
20	黄渤海区水产种业技术创新战略联盟	中国水产科学研究院黄海水产研究所	

附录 7 产业化平台列表

国家级企业技术中心

序　号	名　称
1	山东海化集团有限公司技术中心
2	青岛明月海藻集团有限公司技术中心
3	好当家集团技术中心
4	蓬莱京鲁渔业有限公司
5	青岛聚大洋藻业集团有限公司

省级企业技术中心

序　号	名　称
1	青岛造船厂技术中心
2	海洋化工研究院技术中心
3	青岛前进船厂技术中心
4	山东海王化工有限公司技术中心
5	海阳市黄海水产有限公司技术中心
6	威海船厂技术中心
7	黄海造船有限公司技术中心
8	好当家集团有限公司技术中心
9	乳山市造船有限责任公司技术中心
10	山东洁晶集团股份有限公司技术中心
11	山东省滨州港友发水产有限公司技术中心
12	青岛海大生物集团有限公司
13	胜利油田胜鑫防腐有限责任公司
14	蓬莱巨涛海洋工程重工有限公司
15	山东达因海洋生物制药股份有限公司

"863"产业化基地

序　号	名　称
1	山东荣成寻山水产集团总公司
2	山东鸿源水产有限公司
3	山东天达生物制药股份公司
4	山东华新海大海洋生物股份有限公司
5	青岛胶南明月海藻工业有限责任公司
6	海水养殖种子工程北方基地

国家级科技兴海示范基地

序　号	名　称
1	山东潍坊盐及盐化工全国科技兴海示范基地
2	山东长岛海水增养殖全国科技兴海示范基地
3	青岛海水增养殖良种培育全国科技兴海示范基地
4	山东荣成海洋功能食品加工科全国技兴海示范基地
5	山东威海贝类养殖全国科技兴海示范基地

参 考 文 献

陈春晖，曾德明，2009. 我国自主创新投入产出实证研究 [J]. 研究与发展管理（2）：18 - 23.

陈春晖，曾德明，2009. 我国自主创新投入产出实证研究 [J]. 研究与发展管理（2）：18 - 23.

陈劲，2012. 协同创新 [M]. 杭州：浙江大学出版社：11，72 - 80.

陈凯，2009. 区域经济比较 [M]. 上海：上海人民出版社：237.

陈延斌，2012. 浅谈科技在工业产业结构调整中的作用 [J]. 海峡科学（4）：73 - 76.

范维，王新红，2009. 科技创新理论综述 [J]. 生产力研究（4）：164 - 166.

方红卫，2006. 构筑太原科技创新平台，促进太原经济全面发展 [J]. 太原科技（7）：1 - 4.

傅建球，2005. 国际科技合作新趋势中对中国科技发展的挑战及其对策 [J]. 科学管理研究，23（1）：42 - 46.

甘自恒，2010. 创新学原理和方法——广义创造学 [M]. 北京：科学出版社.

高乐华，高强，史磊，2011. 中国海洋经济空间格局及产业结构演变 [J] 太平洋学报（12）：87 - 95.

郭同欣，2010. 关于我国服务业统计和占比的有关问题 [J/OL]. http://www. stats. gov. cn/tjfx/grgd/t20100617 _ 402650447. htm.

韩立民，2007. 海洋产业结构与布局的理论和实证研究 [M]. 青岛：中国海洋大学出版社：79 - 84.

韩立民，刘晓，2008 试论海洋科技进步对海洋开发的推动作用 [J]. 海洋开发与管理（2）：57 - 60.

何平，陈丹丹，贾喜越，2014. 产业结构优化研究 [J]. 统计研究（7）：31 - 37.

黄宁生，2009. 加强科技创新平台建设 提升广东自主创新能力 [J]. 广东科技（2）：101 - 102.

吉小燕，2006. 基干循环经济的区域产业结构优化 [D]. 南京：河海大学.

纪建悦，等，2007. 环渤海地区海洋经济产业结构分析 [J]. 山东大学学报（2）：96 - 102.

贾雨文，1997. 关于主动性决策理论（非理想系统决策理论）的研究 [J]. 中国软科学（1）：16 - 21.

江军民，等，2011. 基于区域自主创新的科技创新平台构建 [J]. 科技进步与对策（17）：40 - 44.

姜鑫，余兴厚，罗佳，2010. 我国科技创新能力评价研究 [J]. 技术经济与管理研究（4）：

41-45.

李彬,2011.资源与环境视角下的我国区域海洋经济发展比较研究[D].青岛:中国海洋大学.

李逢春,2012.对外直接投资的母国产业升级效应——来自中国省际面板的实证研究[J].国际贸易问题(6):124-134.

李华杨,2009.山东省科技创新能力比较研究[J].中小企业管理与科技(10):111-112.

李琳,2013.科技投入、科技创新与区域经济作用机理及实证研究[D].长春:吉林大学.

李啸,朱星华,2007.广东科技创新平台建设的经验与启示[J].中国科技论坛(9):17-20.

李志军,1999.当代国际技术转移发展趋势及对策[J].国际技术经济研究(2):58-65.

梁飞,2004.海洋经济和海洋可持续发展理论方法及其应用研究[D].天津:天津大学.

刘波,2004.海洋可持续发展的动力学机制研究[D].天津:天津大学.

刘大海,李朗,刘洋,等,2008.我国"十五"期间海洋科技进步贡献率的测算与分析[J].海洋开发与管理(9):12-15.

刘大海,李晓璇,王春娟,等,2015.中国海洋科技进步贡献率测算与预测的实证研究:2006—2012年[J].海洋开发与管理(8):20-23.

刘和东,2007.财政科技投入与自主创新关系的实证研究[J].科学学与科学技术管理(1):20-24.

刘洪斌,2009.山东海洋产业发展目标分解及结构优化[J].中国人口资源与环境(6):140-145.

刘洪滨,2003.环渤海地区海洋产业结构调整的方向[J].领导之友(6):31-32.

刘濛,2006.河北省科技进步对经济增长贡献的实证分析[J].石家庄法商职业学院教学与研究(综合版),2(2):34-36.

刘曙光,李莹,2008.基于技术预见的海洋科技创新研究[J].海洋信息(3):19-21.

刘伟,杨云龙,1987.中国产业经济分析[M].北京:中国国际广播出版社:28.

刘云,董建龙,2000.国际科技合作经费投入与配置模式的比较研究[J].科学学与科学技术管理(12):25-29

卢宁,2009.山东海陆一体化发展战略研究[D].青岛:中国海洋大学.

路琼,范英,魏一鸣,徐伟宣,2000.技术进步对经济增长作用定量化分析的若干方法[J].中国管理科学(11):103-113.

孟庆武,2013.海洋科技创新基本理论与对策研究[J].海洋开发与管理(2):40-43.

倪国江,2012.基于海洋可持续发展的海洋科技创新战略研究[M].北京:海洋出版社.

宁自军,等,2001.成分数据的预测方法与应用[J].统计与决策(138):6-7.

攀华,2011.中国区域海洋科技创新效率及其影响因素实证研究[J].海洋开发与管理(9):57-62.

乔敬图,2006.渤海海洋农业可持续发展对策研究[J].水利经济(2):11-16.

乔俊果,朱坚真,2012.政府海洋科技投入与海洋经济增长——基于面板数据的实证研究

[J]. 科技管理研究（4）：37－40.

沈满洪，李建琴，2012. 经济可持续发展的科技创新 [M]. 北京：中国环境科学出版社：13.

师银燕，朱坚真，2007. 论广东省海洋产业发展与产业结构优化 [J]. 海洋开发与管理（2）：147－152.

史清琪，秦宝庭，陈警，1984. 定量估算技术进步在经济增长中的作用 [J]. 数理统计与管理（4）：31－34.

史清琪，秦宝庭，陈警，1984. 衡量经济增长中技术进步作用的主要指标初探 [J]. 数量经济技术经济研究（10）：9－17.

史清琪，秦宝庭，陈警，1984. 衡量经济增长中技术进步作用时需要研究的几个问题 [J]. 数量经济技术经济研究（11）：19－27.

苏东水，2000. 产业经济学 [M].3 版. 北京：高等教育出版社：85.

孙才志，王会，2007. 辽宁省海洋产业结构分析及优化升级对策 [J]. 地域研究与开发（8）：7－11.

孙吉亭，2012. 海洋科技产业论 [M]. 北京：海洋出版社：1－5.

孙瑛，2008. 海洋产业结构动态优化调整研究 [J]. 海洋开发与管理（4）：84－89.

谭映宇，2010. 海洋资源、生态和环境承载力研究及其在渤海湾的应用 [D]. 青岛：中国海洋大学.

王贵良，2009. 浙江省创新平台建设启示录——浙江省三类重大科技创新平台建设回眸与展望 [J]. 今日科技（6）：7－11.

王健，等，2010. 山东半岛蓝色经济区重大科技创新平台体系构建探索 [J]. 科学与管理（5）：64－66.

王晶，韩增林，2010. 环渤海地区海洋产业结构优化分析 [J]. 资源开发与市场（26）：1093－1097.

王莎莎，等，2009. 组合预测模型在中国 GDP 预测中的应用 [J]. 山东大学学报（理学版）（44）：56－59.

王淑花，2011. 基于时间序列模型的组合预测模型研究 [D]. 秦皇岛：燕山大学.

王泽宇，刘凤朝，2011. 我国海洋科技创新能力与海洋经济发展的协调性分析 [J]. 科学学与科学技术管理（5）.

熊彼特，1998. 经济发展理论 [M]. 北京：商务印书馆：12－55.

徐胜，王晓惠，宋维玲，等，2011. 环渤海经济区海洋产业结构问题分析 [J]. 海洋开发与管理（5）：84－87.

徐胜，张鑫，2012. 环渤海海洋产业与区域经济关联性研究 [J]. 海洋开发与管理（1）：125－131.

许端阳，陈刚，赵志耘，2015.2001—2010 年我国科技支撑经济发展方式转变的效果评价 [J]. 科技管理研究（1）：44－59.

杨治，1999. 产业政策与产业优化 ［M］. 北京：新华出版社.

尤芳湖，王凤起，2000. 再论海上山东 ［M］. 青岛：青岛海洋大学出版社：109 - 146.

于明洁，郭鹏，2012. 基于典型相关分析的区域创新系统投入与产出关系研究 ［J］. 科学学
　　与科学技术管理（6）：85 - 91.

于尚志，2002. 科技创新对产业结构优化升级的作用分析 ［J］. 北方经贸（1）：18 - 19.

俞树彪，阳立军，2009. 海洋产业转型研究 ［J］. 海洋开发与管理（2）：61 - 66.

曾珍香，顾培亮，2000. 可持续发展的系统分析与评价 ［M］. 北京：科学出版社：74 - 76.

张德丰，2011. MATLAB 神经网络编程 ［M］. 北京：化学工业出版社：72.

张红智，张静，2005. 论我国的海洋产业结构及其优化 ［J］. 海洋科学进展（2）：243 - 247.

张静，韩立民，2006. 试论海洋产业结构的演进规律 ［J］. 中国海洋大学学报（社会科学
　　版）（6）：1 - 3.

张军，吴桂英，张吉鹏，2004. 中国省际物质资本存量估算：1995—2000 ［J］. 经济研究
　　（10）：35 - 44.

赵光远，崔巍，2012. 吉林省科技创新投入对经济增长贡献的跟踪研究 ［J］. 经济纵横
　　（6）：80 - 83.

赵昕，2006. 试论我国海洋产业结构合理化 ［J］. 时代金融（12）：104 - 105.

周洪军，等，2005. 我国海洋产业结构分析及产业优化对策 ［J］. 海洋通报（2）：46 - 51.

周寄中，2002. 科学技术创新管理 ［M］. 北京：经济科学出版社：65 - 120.

周庆海，2011. 创新海洋科技新起点新发展 ［J］. 海洋开发与管理（4）：26 - 30.

周振华，1992. 产业结构优化论 ［M］. 上海：上海人民出版社.

朱念，朱芳阳，2011. 北部湾经济区海洋产业转型升级对策探析 ［J］. 海洋经济（12）.

朱星华，2008. 面向市场需求建设产业技术创新平台体现政府公共服务职能——浙江省科
　　技平台建设的经验与启示 ［J］. 中国科技成果（6）：21 - 23.

朱学新，方健雯，张斌，2007. 科技创新对我国经济发展的影响——基于面板数据的实证
　　研究 ［J］. 苏州大学学报（哲学社会科学版）（4）：23 - 30.

Abdul H S，2001. National ocean policy - new opportunities for Malaysian ocean development
　　［J］. Marine Policy，25（6）：427 - 436.

Charles I J，1999. Growth：With or Without Scale Effects ［J］. American Economic Review，
　　Papers and Proceedings，5（89）：139 - 144.

Coe D，1995. Elhanan Helpman International R&D Spillovers ［J］. European Economic Re-
　　view（39）：859 - 887.

Gabriel R G B，et al，2003. A cluster analysis of the maritime sector in Norway ［J］. Inter-
　　national Journal of transport Management，4（1）：203 - 215.

Jonathan S，Paul J，2002. Technologies and the influence on future UK marine resource de-
　　velopment and management ［J］. Marine policy，26（4）：231 - 224.

Meyer M H，Utterback J M，1993. The product family and the dynamics of core capability

[J]. MIT Sloan Management Review：29 - 47.

Roberson D，Urich K，1998. Planing for product platforms [J]. Sloan Management Review：19 - 31.

Storper M，1989. The transition to flexible specialization in industry [J]. Cambridge Journal of Economics，(13)：273 - 305.

山东省海洋产业结构优化升级的科技创新研究

王 健 著

中国农业出版社

北京

图书在版编目（CIP）数据

山东省海洋产业结构优化升级的科技创新研究／王健著. —北京：中国农业出版社，2022.9

ISBN 978 - 7 - 109 - 30014 - 9

Ⅰ.①山… Ⅱ.①王… Ⅲ.①海洋开发—产业结构优化—技术革新—研究—山东 Ⅳ.①P74

中国版本图书馆 CIP 数据核字（2022）第 169790 号

中国农业出版社出版

地址：北京市朝阳区麦子店街 18 号楼

邮编：100125

责任编辑：王金环　肖　邦　　文字编辑：杜　婧

版式设计：王　晨　　责任校对：吴丽婷

印刷：北京印刷一厂

版次：2022 年 9 月第 1 版

印次：2022 年 9 月北京第 1 次印刷

发行：新华书店北京发行所

开本：700mm×1000mm　1/16

印张：9

字数：162 千字

定价：58.00 元
